きちんと知りたい!

自動車低燃費メカニズムの基礎知識

173点の図とイラストで低燃費メカと環境技術のしくみの「なぜ?」がわかる!

飯塚昭三［著］
Iizuka Shozo

日刊工業新聞社

はじめに

自動車の基本機能は「走る」「曲がる」「止まる」だといわれていますが、現在のクルマはこれらに優劣を付けるのが難しいほど、いずれも高いレベルに達しています。サーキットで限界走行をするのであれば、限界付近の挙動変化について云々することもありますが、街中を普通に走っている人にとっては、オーバーステアもアンダーステアもほとんど関係ありません。クルマ選びの基準はもはやクルマの運動性能の優劣ではなくなっているといえます。

しかし、現在も各メーカーはクルマの技術開発にしのぎを削っています。それはクルマの優劣や差異を表わす他の大きな要素があるからです。現在自動車メーカーやサプライヤーが真剣に取り組んでいる項目は次の3つです。①低（無）排出ガス・低燃費（ゼロエミッション・電動化）、②安全性の向上（運転支援・自動運転）、③インターネットにつながった情報通信機能を持つ使い勝手の向上（コネクティッドカー）です。このうち、ここで扱うのは最初の低排出ガスと電動化の方向性です。

欧州、中国を筆頭に、世界中でクルマは一気に電動化の方向に向かい始めた感があります。しかし、いくらEVが普及しても、化石燃料を燃やしてエネルギーを得ていたのではその意義は半減します。再生可能エネルギーへの転換は今後急速に進んでいくと思われますが、全世界的に見ると、そのインフラ整備には相当な時間が掛かるとみられます。その意味では内燃機関の居場所はまだまだあると考えられます。低燃費、低排出ガスの技術は高い効率によりもたらされます。高効率化の技術と言い替えてもいいでしょう。本書で紹介しているのはそのような技術です。

実際に、内燃エンジンの熱効率はたいへん高くなっています。ガソリンエンジンの場合、それに貢献した1つがハイブリッド技術です。エンジンの苦手な低回転域をモーターに任せることで、エンジンは効率の高い使い方に徹した設計ができるようになりました。さらに日本の内燃エンジンの高い技術は、実用化が難しいといわれたHCCI（予混合圧縮着火）や可変圧縮といった技術をも実用化させようとしております。本文にあるように、ガソリンエンジンのトップランナーの熱効率は45%に達しており、当面50%が目標で、最終的には60%が視野に入っているといわれています。ディーゼルエンジンの効率はそれを上回ります。

内燃エンジンからのCO_2排出は、バイオマス燃料を使えばカーボンニュートラルの観点から問題がなくなります。再生可能エネルギーで電気を賄えないEVより、内燃エンジン車のほうがウェル・ツー・ホイールの観点で考えれば、低燃費・低排出ガスになる可能性もあります。クルマが最終的にEVやFCVになることに異議を挟むつもりはありませんし、私自身はEVにもたいへん興味を持っており、推進派の一人です。しかし昨今の世界の急激なEV化の方向性にはいささか引っかかるものがあります。

いずれにしろ、クルマは今大きな変革期にあるといえます。操縦性などは完成域にあるとして、効率の向上や電動化の方向性はまさに進行中で、どのように展開していくかはたいへん興味深い状況にあります。本書は「低燃費」をうたっておりますが、それを達成するためのいろいろな技術をわかりやすく解説したつもりです。読者の皆様の理解に役立てば幸いです。

2018年1月吉日　飯塚 昭三

きちんと知りたい! 自動車低燃費メカニズムの基礎知識

CONTENTS

はじめに 001

第1章

自動車の動力源と環境規制

1

1. 排気ガス規制への取り組み

1-1 排気ガス規制の歴史 010
1-2 いかに排気ガスを清浄化してきたか 012
1-3 ZEV規制とCAFE規制 014
1-4 排気ガス問題は終盤に来ている!? 016
1-5 CO_2排出量は燃料消費率と直結している 018

2. 自動車を取り巻く時代の流れ

2-1 内燃エンジンに将来はないか 020
2-2 時代は低燃費とゼロエミッションへ 022
2-3 ダウンサイジング車 024
2-4 ディーゼルエンジン車 026
2-5 代替燃料車とは 028
2-6 ハイブリッド車 030
2-7 電気自動車 032
2-8 燃料電池車 034

COLUMN **1** 電気自動車と燃料電池自動車は共存するのか? 036

第2章

自動車の低燃費メカニズム・環境技術の基礎知識

2

1. 燃費と損失

1-1　燃費がよいとは熱効率がよいということ……038
1-2　排気損失とは……040
1-3　冷却損失とは……042
1-4　ポンピング損失とは……044
1-5　摩擦損失とは……046

2. 内燃機関の基礎知識

2-1　トルクと出力（馬力）の関係とその意味……048
2-2　トルクと燃料消費率の関係……050
2-3　回転数／負荷と効率……052
2-4　正常な燃焼を阻害するノッキング……054
2-5　圧縮比と異常燃焼との関係、そして熱効率……056
2-6　エネルギー密度と出力密度……058
2-7　タンク・ツー・ホイールとウェル・ツー・ホイール……060

COLUMN 2　ディーゼルエンジン車の明暗……062

第3章

レシプロエンジンの低燃費メカニズムと環境技術

1. 燃費向上に寄与するエンジンメカニズム

1-1 4バルブ化のメリット……064
1-2 スワールとタンブル……066
1-3 気筒配列と気筒数、エンジン性能……068
1-4 バルブタイミングとは……070
1-5 可変バルブタイミングとは……072
1-6 切り替え式の可変バルブタイミング（リフト）とは……074
1-7 連続可変バルブリフトとは……076
1-8 連続可変バルブリフトの持つ大いなる意義……078
1-9 アトキンソンサイクルとは……080
1-10 ミラーサイクルとは……082
1-11 可変圧縮比システムって何?……084

2. 燃焼技術

2-1 燃料噴射とは……086
2-2 間接噴射と直接噴射……088
2-3 直噴技術の進化……090
2-4 デュアルインジェクター……092
2-5 排気ガスを再燃焼させるEGR……094
2-6 ボアストローク比、S/V比と燃費……096
2-7 気筒休止システムとは……098
2-8 HCCIとは（1） 同時多発着火・燃焼……100

2-9 HCCIとは（2） 希薄燃焼の追求 102
2-10 HCCI技術を投入したマツダのSKYACTIV-X 104

3. 過給および環境対策技術

3-1 過給機の種類 106
3-2 ターボラグ改善のためのいろいろな工夫（1） A/R比 108
3-3 ターボラグ改善のためのいろいろな工夫（2）
ツインターボと2ステージターボ 110
3-4 スーパーチャージャーと電動ターボ 112
3-5 三元触媒（NOx吸蔵還元型三元触媒） 114
3-6 PMとNOx 116
3-7 ディーゼル用触媒
（DPF、尿素SCR、NOx吸蔵触媒、酸化触媒） 118
3-8 コモンレールシステム 120
3-9 高圧多段噴射とは 122
3-10 インジェクターの種類と特徴 124
3-11 アイドリングストップの意義 126
3-12 エンジン再始動の課題と解決の方向性 128
3-13 オルタネーターを利用した再始動方式 130
3-14 タンデムソレノイド式スターターモーター 132
3-15 i-stopって何? 134
3-16 その他のアイドリングストップ機構 136

COLUMN 3 全自動車メーカーがFCV開発に向かった! 138

第4章

エンジンの主要要素と駆動系

4

1. エンジン部品の摩擦抵抗と効率化

1-1　ピストン・コンロッド・クランクの摩擦抵抗低減……140
1-2　バルブ駆動系の摩擦抵抗低減……142
1-3　その他のパーツの摩擦抵抗低減……144
1-4　ポンプの電動化（補機の電動化例）……146

2. 燃費に関わるトランスミッション

2-1　トランスミッションの種類……148
2-2　トランスミッションの多段化とロックアップ……150

COLUMN 4　トランスミッションのあれこれ……152

第5章

軽量化技術とハイブリッドメカニズム

5

1. 車体／周辺部材の軽量化

1-1　車体部材の軽量化技術の基礎知識……154
1-2　軽量化技術（1）鉄・アルミニウム……156
1-3　軽量化技術（2）プラスチック・CFRP……158

2. ハイブリッドシステムとは

2-1　ハイブリッド車の燃費がよいのはなぜ？ 160

2-2　ハイブリッドシステムの新たな動き 162

2-3　賢いハイブリッドシステムTHSの基本原理 164

2-4　プラグインハイブリッドの可能性 166

COLUMN **5**　軽量化と車体構造 168

索引 170

参考文献 174

第1章

自動車の動力源と環境規制

Automobiles source of power and environmental regulations

排気ガス規制の歴史

20世紀初頭に登場した自動車は、移動・運搬手段ばかりでなく趣味や娯楽の対象としても我々に計り知れない恩恵をもたらしています。その反面、デメリットもあると思います。いかがでしょうか？

◪交通安全と環境問題

自動車が有用な乗り物として登場してから100年以上経ちますが、一方で大きな課題も抱えていました。交通安全と排気ガス問題です。排気ガスに関しては当初は自動車の保有台数が少なく、特に問題視されることはありませんでしたが、台数が増えるにつれて特に都市部で大きな問題となりました。最初に排気ガス規制が制定されたのは、早くからスモッグに悩まされていたロサンゼルスを州都とする米国のカリフォルニア州でした。1962年に「クランクケース・エミッション規制」が、そして1965年には米連邦に先駆けて排気ガス中の一酸化炭素（CO）と炭化水素（HC）の規制に踏み切りました。その後71年には窒素酸化物（NOx）の規制も行われるようになりました。全米としての規制は1963年に大気清浄法が制定され、68年に全米排気規制が施行されます。さらに70年には有名な「マスキー法」（大気清浄法）が成立するなど、規制は段階的に厳しさを増していきました。そして現在の米連邦は94年に「Tier 1」、2004年に「Tier 2」、2014年に「Tier 3」と規制が進んでいます。これとは別にカリフォルニア州はそれより厳しい基準を定めたり、ZEV規制を設けたりしています。各州は連邦の規制をとるか、カリフォルニアの規制をとるかを選べるようになっており、9つの州がカリフォルニアの規制を採用しています。

◪世界規模で規制強化

一方、日本の排気ガス規制は1966年のガソリン車に対するCOの濃度規制から始まりました。1973年にはCOに加え、HCやNOxの規制が行われ、さらに78年には世界で最も厳しいといわれた排気ガス規制が施行されました。その後も段階的に規制は厳しくなり、2009年より「ポスト新長期規制」が施行されています。2018年からさらに新たな規制に移ります。

また、ヨーロッパではEUが定めた排気ガス規制があります。1992年の「EURO 1（ユーロ1）」から始まり、2014年からはユーロ6が施行されています。これ以外の発展途上国ではEUの現行基準より以前の基準を採用するなど、先進国より緩い規制を採用している例が多いのが実情です。中国の大気汚染は自動車以外の要素も大きいのですが、クルマの排気ガス規制は先進国並みにする方向も出ています。

1970年に成立したマスキー法の規制数値

9割を超える大幅な削減を求めたマスキー法だったが、現実的には対処は困難として実施は延期された。

規制の目標			1970年規制	削減率 %
汚染物質	削減率 %	排気ガスA (g/m)	排気ガスB (g/m)	1—A/B
HC	99	0.15	3.9	96.2
CO	92.5	6.16	33.3	81.5
NO_x	93.6	(0.38)	(4.0)	90.5

ガソリン乗用車の国内排出ガス規制値の推移

国内においても1970年代に大きく規制が強化され、2000年代に入ってさらに厳しくなった。

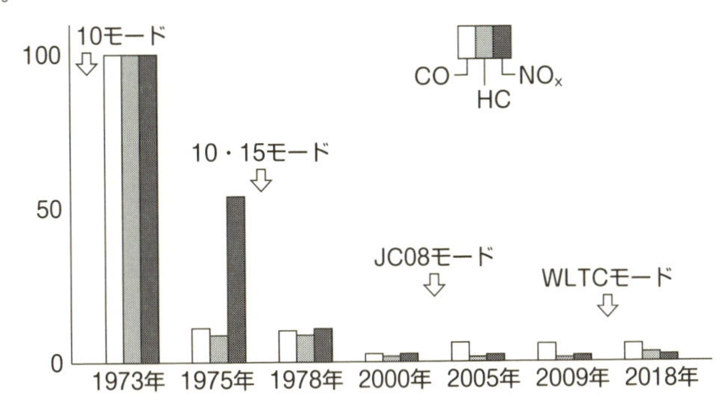

EUにおける規制の推移

1992年のユーロ1から始まったEUの共通排気ガス規制は2014年のユーロ6まで移行し、2020年にはユーロ7が予定されている。

		CO		HC		NO_x		PM
年	規制名	ガソリン	ディーゼル	ガソリン	ディーゼル	ガソリン	ディーゼル	ディーゼル
1992	EURO1	3.16	3.16	1.13	1.13	0.49	0.78	0.14
1996	EURO2	2.20	1.00	0.50	0.90	0.25	0.73	0.10
2000	EURO3	2.30	0.67	0.20	0.56	0.15	0.50	0.50
2005	EURO4	1.00	0.50	0.10	0.30	0.08	0.25	0.25
2008	EURO5	0.50	0.50	0.05	0.05	0.60	0.18	0.05
2014	EURO6	1.00	0.50	0.10		0.60	0.80	0.05

◎排気ガス規制は米国カリフォルニア州から始まった
◎CO、HCの規制から始まり、NOx規制も加わる
◎全世界で規制強化の動きが高まる

いかに排気ガスを清浄化してきたか

ひところ自動車の排気ガスは公害の元凶のようにいわれていました。今ではかなり浄化されたようですが、どうやって有害物質を除去したのでしょうか？

1970年に米連邦で成立したマスキー法は、CO、HC、NOxの排出量を従来の1/10にするというもので、世界中の自動車メーカーが達成不可能と考えるほど非常に厳しい排気ガス規制でした。そのため実際には実施が延期されることになるのですが、この規制を世界で真っ先にクリアしたのがホンダのCVCC（Compound Vortex Controlled Combustion）エンジンでした。これは通常の燃焼室につながる副燃焼室を持ったエンジンで、CVCCは複合過流調整燃焼方式の略称です。シビックに搭載されて販売に至りました。しかしその後三元触媒が実用化され、CVCCエンジンが世界に普及することはありませんでしたが、その偉業は称えられるべきものです。

◪触媒などの進歩で有害物質を大幅低減

三元触媒はCO、HC、NOxの3成分を同時に低減します。COとHCを酸化させてそれぞれ無害な二酸化炭素（CO_2）と水（H_2O）に変えますが、これには十分な酸素が必要になります。ところがNOxを無害なN_2（窒素）にするには酸素が邪魔なので、過不足のない理論空燃比付近にコントロールする必要があります。そのためには排出ガスの酸素濃度を検出するO_2センサーの実用化も大きなカギでした。

燃料噴射の歴史は古いのですが、1980年代に入ってからキャブレターから電子制御燃料噴射へ急速に切り替わっていきました。キャブレターでは排気ガス規制に対応できない時代に入ったからです。この進化は排気ガス低減に大きな効果がありました。これは触媒のように排出された後の処理ではなく、燃焼自体を改善することにより、有害な成分そのものの発生を抑えるものです。その後も可変バルブタイミングやEGR（Exhaust Gas Recirculation；排気再循環）といった燃焼そのものの改善は進み、それは現在も続いています。元々燃料噴射のディーゼルエンジンについては、制御の電子化による噴射回数と噴射タイミングの細かな制御と、コモンレール式による高い噴射圧の確保があります。これにより良好な燃焼が得られ、有害成分を大幅に低減しました。ディーゼルエンジンで問題になる有害成分はNOxとPMですが、この2つはトレードオフの関係にあり両方を同時に低減するのが困難とされています。これについては後で詳しく説明しますが、NOxに対して尿素SCR（選択触媒還元）、PMに対してはDPFといった触媒で大幅な低減を達成しています。

ホンダのCVCCエンジンの外観

マスキー法の厳しい規制を後処理なしで真っ先にクリアしたホンダのCVCCエンジン。複合渦流調整燃焼方式の頭文字をとってその名が付けられた。

CVCCエンジンのカット写真

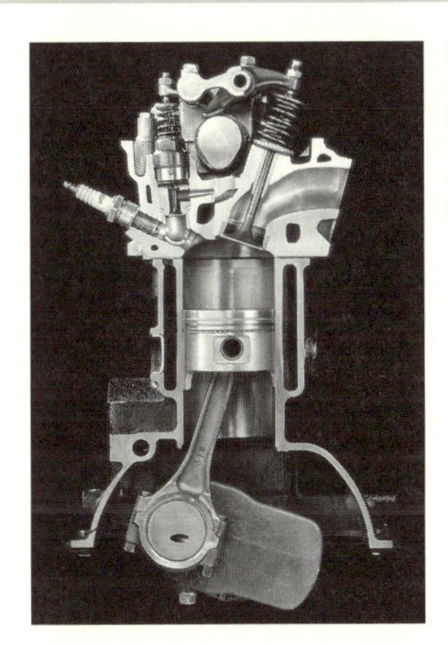

CVCCの特徴は小さな副燃焼室を持っていること。写真左側の点火プラグの先が副燃焼室で、ここで濃い目の燃料(リッチ)で燃焼させ、それを元に主燃焼室の薄めの混合気(リーン)を燃やす。副燃焼室にも吸気バルブがあるので、吸気バルブは2つ、排気バルブが1つの3バルブエンジンになる。

O_2センサー

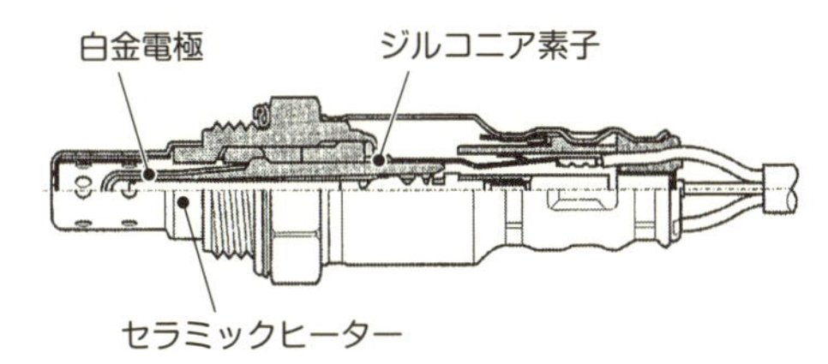

排気ガス中のCO、HC、NOxの3成分を同時に浄化するのが三元触媒で、この触媒の実用化により、排気ガスは大幅に浄化されるようになった。そのためには排気ガス中の酸素濃度を検出するO_2センサーが重要な役割を担っている。

POINT

◎CO、HC、NOxを同時に低減させる三元触媒は、NOxを無害な窒素に変換させるには酸素が邪魔になるため、理論空燃比付近でガソリンを燃焼させる必要がある

ZEV規制とCAFE規制

大気などの環境悪化を受けて、排気ガスはいくどとなく厳しく規制されてきています。さらに排出量そのものを減らす動きがあるということですが、どのようなことでしょうか？

◩有害物質の種類と排出量の違い

一口に排気ガス規制と述べてきましたが、ガソリン車とディーゼル車では有害物質の種類により排出量に違いがあります。たとえば、ガソリン車では一酸化炭素(CO)、炭化水素（HC)、窒素酸化物（NOx）が大きな問題となりますが、ディーゼル車では窒素酸化物と粒子状物質（PM）が問題になります。そのため、規制もガソリン車用とディーゼル車用とに分けて規制値が決められています。ディーゼル車はさらに軽量車と重量車とでも分けられています。

ところで、米国で1970年にいわゆるマスキー法が成立したことは世界的にも大きな反響を呼びました。日本でもより厳しい規制の方向が打ち出されました。輸出や現地生産を考えれば当然のことで、世界中のメーカーが懸命に排気ガス低減技術の開発に取り組みました。したがって各国の今後の規制動向を把握することも重要な事柄になりました。

◩規制値をクリアしないと課税

カリフォルニア州にはZEV規制という環境規制があります。ZEVというのは「ゼロエミッションビークル」の略で、排出ガスがゼロのクルマのことです。電気自動車や燃料電池車などがその対象になります（2018年モデルからハイブリッド車や天然ガス車、内燃エンジン車は対象から外されました)。この規制は州内でクルマを販売するにあたっては、ある割合でZEVを含ませなければならないとするもので、これができなければペナルティとして税が課せられます。実際にはたとえばEVメーカーの「テスラ社」など、余裕のあるメーカーから権利を買い取るといったことが行われています。

また、米連邦には「CAFE」という燃費規則があります。CAFEとは「Corporate Average Fuel Economy」の略で企業平均燃費です。自動車会社が実際に販売したクルマ全体の平均燃費を算出し、それに規制をかけるというものです。燃費の悪い(大きな）クルマをたくさん売るためには燃費のよい（小さな）クルマも売らなければならないわけです。大型車を主力としているメーカーは不利になります。燃費がCAFE基準を満たせないとペナルティとしての税金を払わなければなりません。

排出ガスの違い

ガソリンエンジン	CO_2(二酸化炭素)
	CO(一酸化炭素)
	HC(炭化水素)
ディーゼルエンジン	PM(粒子状物質)
	NO_x(窒素酸化物)

ガソリンエンジンもディーゼルエンジンもいろいろな有害ガスを排出しているが、特に問題になるガスをエンジン別にあげると表のようになる。そのため排気ガス規制値もエンジン別に分けられている。

EV(電気自動車)とFCV(燃料電池車)

ZEV規制はクルマを販売するにあたっては、一定の割合でZEV(ゼロエミッションビークル=排出ガスゼロ車)を含ませるという規則で、その対象になるのがEVやFCV。

①日産のEV・リーフ

②トヨタのFCV・MIRAI

CAFE規制の計算例

CAFE規制とは企業平均燃費で、自動車メーカーは燃費の悪いクルマを売るためには燃費のよいクルマも売らなければならないという仕組み。一般に大きい車ほど燃費が悪いから、大型高級車だけ生産販売して利益を上げようとすることはできない。

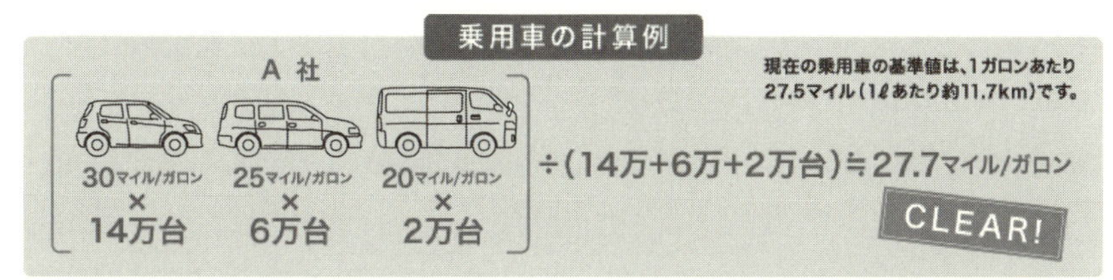

POINT

◎ガソリン車とディーゼル車では有害物質の種類により排出量が違う
◎マスキー法の成立は、世界に大きな衝撃を与えた
◎環境規制は排気ガスの排出量そのものを規制する

排気ガス問題は終盤に来ている!?

これまでの排気ガス規制により、排気ガスに含まれる有害物質は少なくなっていると思われます。どの程度削減されてきているのでしょうか？

歴史的にクルマから排出される有害なガスは大幅な低減を達成してきました。それは規制値を見ればわかります。

◩有害な排気ガスの大幅低減を達成

たとえば日本のガソリン車の1973年の排気ガス規制値を100とした場合、2009年の規制値はCOが6.3%、HCは1.7%、NOxは2.3%と大幅に小さくなっています。ディーゼル車の場合も1994年の規制値を100とした場合、NOxの2016年の規制値は6.7%、PMの2009年値は1.4%と大幅に小さな値になっています。

ポスト新長期規制と通称される平成21年（2009年）規制は長く続き、次は平成30年（2018年）に新規制に切り替わります。ガソリン車の場合CO、NOx、PMの規制値は変わりませんが、計測の仕方が日本独自のJC08モードから国際的なWLTPモードに変わるので、実際には厳しくなると考えられます。ただ、HCの数値は0.05から0.10に増えています。これも冷機状態での値を1/4、暖機状態での値を3/4として計算するJC08モードでの測定値と、冷機状態の数値をそのまま採用するWLTPモードの違いから数字上は緩く見えるだけで、実質はむしろ厳しくなっているといえます。ディーゼル乗用車の場合も同様で、CO、HC、PMについての数値は平成30年規制でも変わりません。しかしディーゼル車の場合はNOxの数値が0.08から0.15に数字上は増えていますが、これも計測モードの違いによるものです。

◩今後の課題は「燃費」

これらからわかることは、排気ガス規制はそろそろ最終段階にあるということです。もちろん最終的には有害物質の排出をゼロとするのが目標ですが、先進国の大気の清浄化は大幅に進んだといえます。現在の規制をクリアするのは簡単とはいいませんが、コストアップや燃費の悪化を覚悟さえすればまず可能です。もはや排気ガス規制についてはマスキー法の実施が延期されたり、日本でも51年の規制が2年先送りになったりしたような、技術的に問題解決が不可能ともいえる状況にはありません。

これからは排気ガスでも二酸化炭素（CO_2）が問題になります。CO_2は他の有害成分とは異なった意味を持っています。それは「燃費」です。

WLTCモードの燃費表示例

2018年10月から燃費の計測モードが、これまでのJC08モード(2013年より採用)からWLTCモードに変わり、それに伴い表示の仕方も変更される。国際的なWLTPは市街地モード、郊外モード、高速道路モードの3つに分けて計測され、それらの平均的な燃費がWLTCモードとして表示される。同時に市街地、郊外、高速道路の3モードについても表示され、ユーザーはより実走行に近い燃費が想像できるようになる(世界基準の燃費計測法であるWLTPは、わが国に導入される際はWLTCという名称になる)。

■これまでの表示例 (JC08 モード)

燃料消費率※1 (国土交通省審査値)

JC08モード

21.4km/L

※1 燃料消費率は定められた試験条件での値です。お客様の使用環境(気象、渋滞等)や運転方法(急発進、エアコン使用等)に応じて燃料消費率は異なります。

■これからの表示例 (WLTC モード)

燃料消費率※1 (国土交通省審査値)

WLTCモード

20.4km/L

市街地モード※2：15.2km/L
郊 外 モ ー ド※2：21.4km/L
高速道路モード※2：23.2km/L

※1 燃料消費率は定められた試験条件での値です。お客様の使用環境(気象、渋滞等)や運転方法(急発進、エアコン使用等)に応じて燃料消費率は異なります。

※2 WLTC モード：市街地、郊外、高速道路の各走行モードを平均的な使用時間配分で構成した国際的な走行モード。
市街地モード：信号や渋滞等の影響を受ける比較的低速な走行を想定。
郊 外 モ ー ド：信号や渋滞等の影響をあまり受けない走行を想定。
高速道路モード：高速道路等での走行を想定。

POINT

◎日本独自の計測法、JC08モードから国際的な計測法、WLTPモードに変更
◎新規定への切り替えで、規制はさらに強まる
◎先進国では大気の清浄化は大幅に進み、排気ガス規制は最終段階に

CO_2排出量は燃料消費率と直結している

排気ガス対策が功を奏し、いまではかつてのように大気汚染は問題にならなくなったように思われます。現在では何が問題視されているのでしょうか？

かつて日本でも大気汚染が大きな社会問題になっていた時代がありました。汚染源としては工場からの排煙もあげられましたが、当然のことのように自動車の排出ガスが問題視され、排気ガス規制はどんどん厳しくなりました。自動車メーカーはそれに対応しようとエンジンや補機類に改良を加えるなど努力を重ねました。問題となったのは炭化水素（HC）、窒素酸化物（NOx）、一酸化炭素（CO）、二酸化炭素（CO_2）、粒子状物質（PM）などですが、やがて三元触媒が開発され、これによりHC、NOx、COの浄化が可能となり、大きな進歩をしました。PMは主にディーゼルエンジンから多く排出されますが、これもDPF（Diesel Particulate Filter；ディーゼル微粒子捕集フィルター）という触媒で浄化できるようになっています。日本で現在生産されているクルマの排気ガスは、2000年以前のクルマの排気ガスの数十分の1まで数値が下がっており、CO_2以外はほとんど問題なくなっています。

◤現在は二酸化炭素排出低減にシフト

今自動車業界の課題は排気ガスの浄化から、CO_2の排出低減のほうに軸足が移っています。それは、地球温暖化と資源問題への対応のためです。エンジンが理想的な燃焼をすれば、排気ガスはよりクリーンになります。しかし、いくら理想的な燃焼をしても、CO_2だけは必ず生成されます。なぜなら、ガソリンにしても軽油にしても燃料は基本的に炭素と水素の化合物である炭化水素であり、それらの燃料が空気中の酸素と反応して燃焼すると、熱を発生させるとともにCO_2とH_2Oに化学変化するからです。つまりエンジンが働くとCO_2と水を排出します。燃料電池車は水を排出するといわれていますが、内燃エンジンも水を排出しています。ただエンジンが温まっていれば水蒸気となっているので、水を排出していることを感じさせていないだけです。

ではCO_2を減らすためにどうしたらよいのかということになりますが、それは燃費をよくすることです。使う燃料（炭化水素）が少なければそれだけCO_2の排出が減るわけです。燃費とCO_2の排出は比例関係にあり、直結しています。「CO_2の排出を1kmあたり95gにしなさい」ということは、「それに見合った燃焼消費率を達成しなさい」というのと基本的に同じことなのです。

運輸部門のCO_2排出量の推移(日本自動車工業会調べ)

運輸部門におけるCO_2排出量の約90%は自動車(旅客自動車:乗用車・バス＋貨物自動車:トラック)からの排出だが、ピークであった2001年度以降は旅客自動車や貨物自動車において減少している。

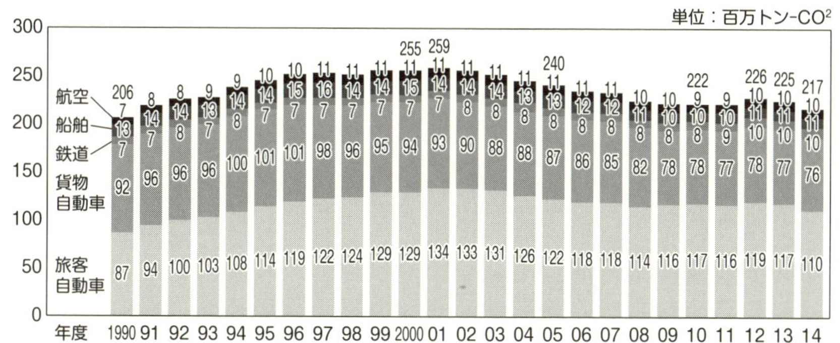

ガソリン乗用車の平均燃費(日本自動車工業会調べ)

乗用車の2015年度の平均燃費は2004年と比較して約24%向上している。さらに2020年に向けて従来車の改善と次世代自動車の普及を積極的に実施し、全体平均では基準値を早期に達成する計画している。燃費の向上はCO_2削減に直結している。

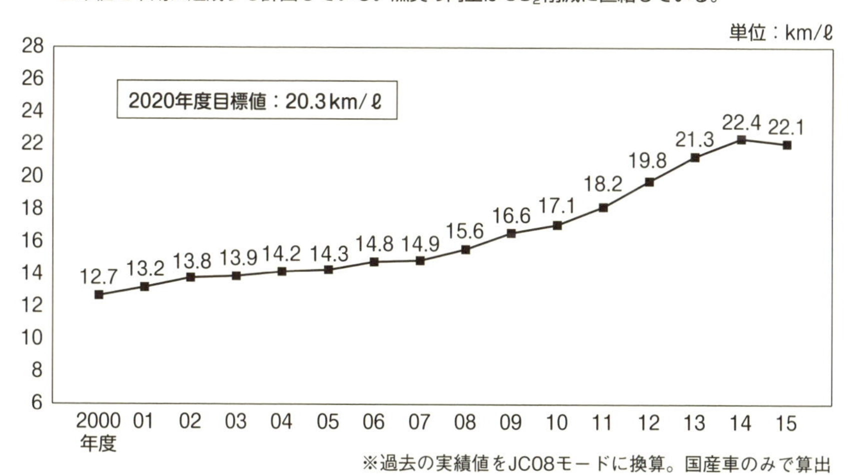

※過去の実績値をJC08モードに換算。国産車のみで算出

POINT

◎2000年以前のクルマと比べると、有害物質の排出は数十分の1にまで低下し、CO_2以外は技術的には大きな問題ではなくなっている

◎CO_2削減は燃費改善に直結している

内燃エンジンに将来はないか

英国やフランスは、2040年までにガソリン車およびディーゼル車の販売を禁止する方針を打ち出しています。軽油やガソリンを燃料とする内燃エンジンの未来はいかがでしょうか？

◪そう簡単にEVに置き換わることはない

ディーゼルエンジンもガソリンエンジンも、現在のように石油由来の燃料を使う限り必ず有害ガスやCO_2を排出しますから、ゼロエミッション（排出ガスゼロ）を達成することはできません。その意味では将来的には消えていくか、あるいはトランジスターに取って代わられた真空管のように、内燃機関はマニアにとっての趣味的な機械になるとも考えられます。しかし、内燃エンジンの利便性、普及率の高さや、置き換わるべきモーター・バッテリーのコストの割高さを考えると、そう簡単にはなくなりそうもありません。実際、内燃エンジンの開発は今でも世界中で活発に行われており、着実に成果を上げています。かつて20％程度とされていた熱効率は今やガソリンエンジンでは倍の40％以上にも及んでいます。そしてさらに50％を目指し、最終的には60％の熱効率まで視野に入れています。

コンピューターの発達による燃焼の解析やその他もろもろの進化がありますが、大きいのはモーターとの併用であるハイブリッドシステムによる高効率の達成です。エンジンの不得手な低回転域をモーターで補うことで、エンジンは効率のよい回転と負荷域での使用ができるため、高い効率が得られます。いわゆるスイートスポットを使うことができるわけです。この追求はさらに続いています。

◪カーボンニュートラルのバイオマス燃料が内燃エンジンを延命!？

遠い将来には内燃エンジンはなくなるとしても、まだまだ長期にわたり重用されると見られています。それを強化する理由にバイオマス（略してバイオ）燃料の存在もあります。バイオ燃料を使うならば、少なくもCO_2の排出は問題がなくなります。バイオ燃料は燃えるとCO_2を排出しますが、その炭素は植物が生育段階で空気中から吸い込んだものであることから、排出してもプラスマイナスゼロという考え方です。太古の時代のCO_2とは意味が違うわけで、この考え方を「カーボンニュートラル」といいます。バイオ燃料については現在も研究開発が続けられていますが、今後コンピューターの処理能力が飛躍的に向上することで、バイオ燃料の抽出が低コストで大量生産できるようになる可能性もあります。ユーグレナ（ミドリムシ）といった藻の一種の繁殖を促進できるようになることが考えられています。

バイオマス燃料製造の仕組み

CO_2の増加による地球温暖化を背景に、バイオマス燃料が注目されるようになっている。従来の化石燃料（ガソリンや軽油）はCO_2を一方的に排出するだけだが、バイオマス燃料は植物由来の原料が生育する過程でCO_2を大気中から吸収しているため、燃やしても相殺されると見なされる。食料品とは競合しないものを原料として研究開発が進められている。

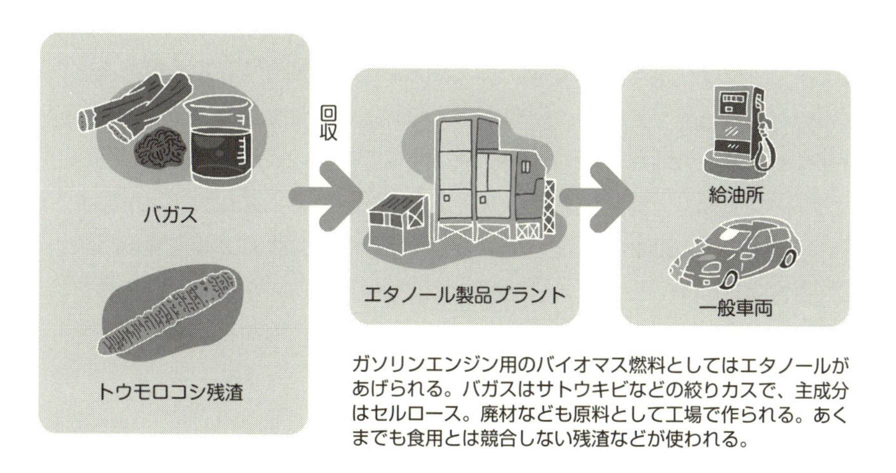

ガソリンエンジン用のバイオマス燃料としてはエタノールがあげられる。バガスはサトウキビなどの絞りカスで、主成分はセルロース。廃材なども原料として工場で作られる。あくまでも食用とは競合しない残渣などが使われる。

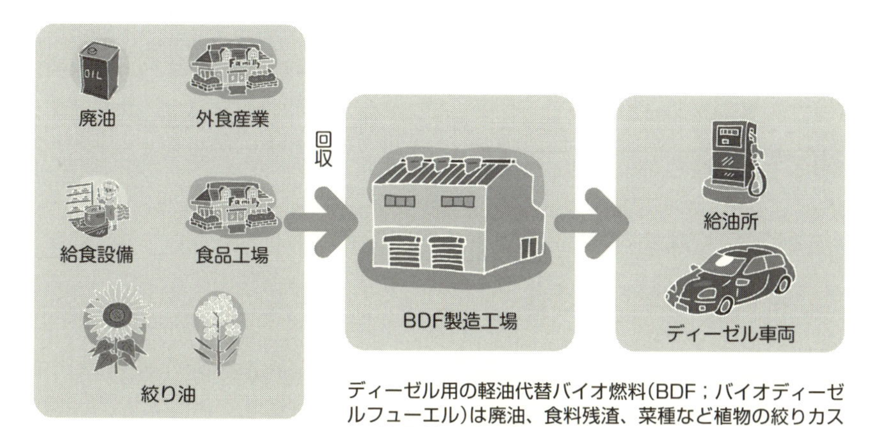

ディーゼル用の軽油代替バイオ燃料（BDF；バイオディーゼルフューエル）は廃油、食料残渣、菜種など植物の絞りカスなどを原料に工場で製造される。日本では食用廃油が多く使われている。硫黄酸化物（SOx）が少ない。

POINT
- ◎安価な内燃エンジンの代替は簡単には実現できない
- ◎バイオ燃料はカーボンニュートラルでCO_2の問題なし
- ◎安価で大量生産の可能性を持つ藻によるバイオ燃料に期待が

時代は低燃費とゼロエミッションへ

地球温暖化の原因とされるCO_2は内燃エンジンを使う限り低減はできてもなくすことはできません。そこで排出ガスをまったく出さないZEV普及の機運が強まっていくと考えられますか？

◩終わらない有害排気ガスと地球温暖化の原因とされるCO_2

1960年代まではエンジンの出力を上げるのに、燃費はあまり重視されませんでした。ターボチャージャーを付けたり、高回転化を図ったり、多くの空気をシリンダーの中に取り込み、濃い目の燃料をそれに加えたりしてとにかく馬力を稼げばよい時代がありました。しかし、その後72年にはオイルショックが起きたり、大気汚染が深刻化したり、さらにCO_2の増加による地球温暖化などの問題が次々と出てきて、自動車の動力源もそれらに対応することが最重要課題となりました。

有害物質を排出する排気ガスの問題に対しては歴史的に順次規制が強化され、現在は先進国では排ガスはかなりクリーンになりました。しかし、旧いクルマもまだまだ多く走っており、先進国の都市部でも排気ガスの問題がなくなったわけではありません。発展途上国では先進国よりも規制がゆるく、地球規模で考えるとまだまだいっそうの進展が必要です。

現在は人体に影響をもたらす排気ガスと、地球温暖化をもたらすとされるCO_2の排出が問題視されるとともに、省資源の面から燃費の向上が求められています。石油資源で内燃エンジン動かすと、どうしてもこれらの問題が立ちはだかります。そのため先進国では将来的には一切排気ガスを排出しない、いわゆるゼロエミッションのクルマにすべきとの考えが浸透してきています。

◩米国で広がりを見せる環境規制

特に米国カリフォルニア州ではZEV（ゼロエミッションビークル＝排出ガスゼロ車両）規制を設けて、州内で一定以上販売する自動車メーカーは、販売台数の一定比率をZEVにしなければならないと定めており、この動きは他の多くの州に広がりを見せています。ZEVといえるのはEVかFCVになりますが、一気にこれらを増やすのには無理があるとして当初はPHVなども組み入れられています。ZEV規制は今後強化されていくでしょうが、発展途上国の事情もあり、世界のクルマがすぐにZEV化するとは考えにくく、まだ多くの時間を要すると考えられます。内燃エンジンの効率を画期的に上げる開発も業界挙げて進めています。まだまだ時間はかかりそうですが、それでも、方向性としては確実にZEV化にあるのは確かです。

エネルギー効率に優れ、環境負荷が少ない車両の例

プリウスPHV
PHV(プラグインハイブリッドビークル)は、1日の走行距離が短ければモーターだけでの走行は可能。この短距離走行が重なればEVと実質同じになる。長距離の移動では燃料を燃やして直接駆動したり発電したりするが、トータルで高い効率を発揮できる。電気や水素がすべて再生可能エネルギーで賄える時代が来るまの一時代を担う有用なクルマで、今後増えていくと思われる。

リーフ
クルマの究極の姿は排出ガスを全く出さないZEV(ゼロエミッションビークル)になり、EVはその筆頭。だが、あくまでもタンク・ツー・ホイールでの話で、やはり充電する電気のゼロエミッションが伴う必要がある。それにはまだ多くの時間がかかりそうだ。

POINT
◎排気ガスとともに内燃エンジンでは必然のCO_2排出が問題に
◎ZEVを一定割合組み入れることの義務化はさらに進展
◎世界のクルマがすぐにZEVするのは困難、内燃エンジンの効率化も重要

ダウンサイジング車

ヨーロッパで起きたダウンサイジングの波はわが国にも押し寄せ、影響を与えています。どのようにしてダウンサイジングを可能にしたのでしょうか？

ダウンサイジングとはエンジンのサイズ（排気量）を小さくすることですが、単純に排気量を下げることではありません。排気量が小さくなればそれに比例してパワーも当然下がりますから、減った分を補わなければなりません。その役割を担っているのがターボチャージャーなどによる過給です。

この考えはエンジンを小さくして冷却損失やポンピング損失、摩擦損失などムダの絶対量を減らし、不足する出力（パワー）は過給により補うことで、効率のよいエンジンとすることです。エンジン重量も軽くできます。大きなエンジンを小さく使う気筒休止という技術がありますが、ダウンサイジングは小さなエンジンを大きく使う技術といえます。この思想を最初に取り入れたのはフォルクスワーゲンのTSIという機構で、2005年に登場しました。最初のTSIは低速用のスーパーチャージャーと高速用のターボチャージャーの2つを持つダブル過給の方式でしたが、現在はTSIをはじめ、どのメーカーもほとんどシングル過給になっています。

◩ダウンサイジングターボは直噴エンジンがキモ

ターボエンジンは古くからありますが、単純にターボエンジンがダウンサイジングエンジンというわけではありません。どこが違うかといいますと、直噴（筒内直接噴射）エンジンかどうかです。ベースが同じポート噴射のエンジンでターボなしとターボ付きを比べると、ターボ付きは圧縮比が下がっているはずです。これは、過給するとそれだけ混合気が多くシリンダーに取り込まれ、実圧縮比が上がって点火する前に自己着火してノッキングが起こりやすくなるからです。つまりターボエンジンはノッキング現象を避けるため、通常はノンターボエンジン（自然吸気エンジン）より圧縮比を下げなければならないのです。圧縮比は理論的に出力に比例するので、それはパワーダウンすることを意味します。

それを避けるのが直噴です。直噴ならばたくさん空気をシリンダーに取り込んで圧縮しても、空気だけですから自己着火することがありません。ポート噴射では圧縮行程で混合気を圧縮するので、点火時期前に自己着火して異常燃焼することになります。ただし、燃焼は空気と燃料がよく混ざっているほうがいいのですが、直噴の場合は短時間で混合しなければならず、それだけ技術的には難しいといえます。

TSIの構造図

低回転域ではスーパーチャージャーが作動し、回転が上昇するのに従いターボチャージャーも作動、さらに回転が上がるとターボチャージャーのみで過給するようになる。かつての過給エンジンは出力の向上などを狙い、同一排気量においていかに馬力をアップさせるかということに視点が置かれていたが、TSIでは出力を維持しながら燃費を向上させるため、いかに排気量を小さくするかということに重点を置いている。

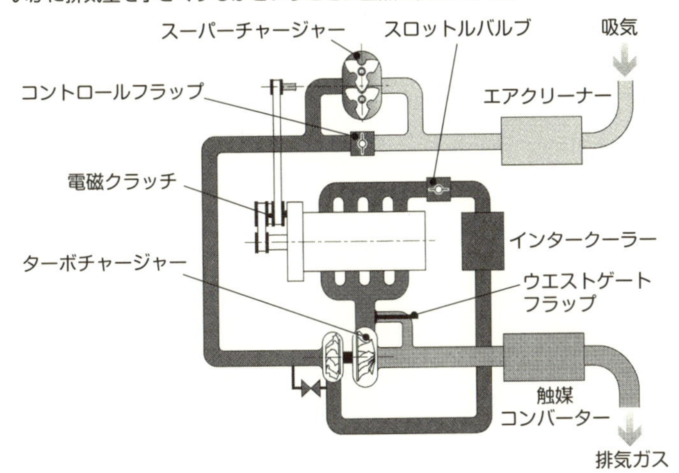

ベンツの直噴エンジンの透視図

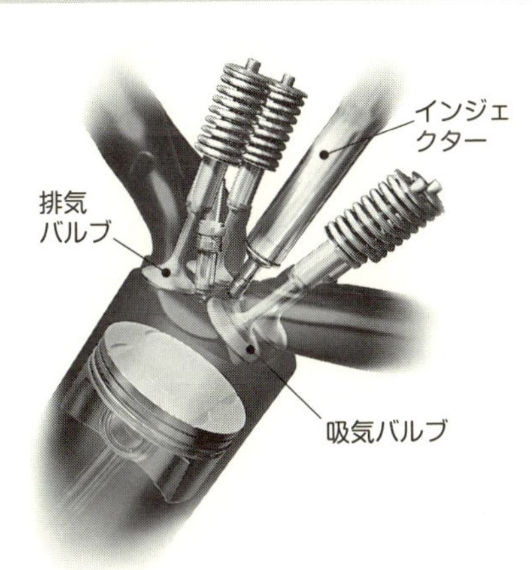

シリンダーヘッドの中央にあるのが燃料を噴射するインジェクター。吸気バルブ(右)から送られてきた空気に燃料を直接吹きかけて燃焼させる。混合気をシリンダー内に送り込むポート噴射とは異なり、圧縮比を高められるので、より効率的な燃焼が行えるようになる。その反面、高い技術が要求される。

POINT

- ◎排気量の縮小を過給で補う
- ◎ダウンサイジングは小さなエンジンを大きく使う技術
- ◎直噴ターボの採用がダウンサイジングのカギ

ディーゼルエンジン車

一時はヨーロッパを中心にディーゼル乗用車がもてはやされ、日本のメーカーでも市場に投入するようになりました。どういう特徴と利点があるのでしょうか？

◪良好な熱効率と少ない損失

ガソリンエンジンが点火プラグで着火させるのに対して、ディーゼルエンジンは圧縮着火です。つまり気体を圧縮すると温度が上がりますが、その圧縮により高い温度になった空気に燃料を噴射することで自然着火させ、燃焼させるエンジンです。燃料はガソリンよりも着火点が低い軽油が用いられます。圧縮比はガソリンエンジンより高いのが普通で、16〜18あたりが多くなっています。ただ、理想的な燃焼や騒音、振動の低減などを狙って、あえて14と低い圧縮比にする技術もあります。しかし、一般論としては圧縮比の高い分ディーゼルエンジンは熱効率がよいといえます。また、ディーゼルエンジンは基本的に希薄燃焼ですから、燃費がよいといえます。損失の面ではスロットルバルブがないので、ポンピングロスがなく、その面からもガソリンエンジンより燃費がよいとされています。

一方、回転数は低めですが低速で強力なトルクを発生するためガソリンエンジンより強固に作る必要があり、重くなりがちです。振動騒音もガソリンエンジン車より大きくなりがちです。それでも技術の発達で現在のディーゼル車は以前と比べるとたいへん静かなクルマになっています。

◪かつては期待されていたエンジン

ディーゼルエンジンはガソリンエンジンよりもCO_2の排出が少ないといわれています。ただ排気ガスの成分は異なり、ディーゼルエンジンでは特にNOxとPMが問題になります。この2つはトレードオフの関係、つまりNOxは高温で発生しやすく、温度を下げるとPMが増えるといった二律背反の関係にあります。NOxに対しては「尿素SCR」という触媒で対応できます。これは尿素水溶液を排気ガス中に噴霧してNOxを無害なN_2とH_2Oに還元する装置です。PMに対してはそれを補足する装置「DPF（ディーゼルパティキュレートフィルター）」が使われています。

従来はヨーロッパではCO_2の排出の少ないディーゼル車は環境にやさしいとして、およそ半数を占めるほどの割合でした。しかし、フォルクスワーゲンのディーゼル車の排気ガス計測の不正発覚を契機に、ディーゼル車に対する期待もしぼみ、EVやPHVへ舵を切るメーカーの動きも見られるようになっています。

ディーゼルエンジンの工程図

ピストンの下降ととともに空気がシリンダー内に送り込まれる(①)。ピストンが反転して上昇するにつれ燃焼室(シリンダーヘッドとピストン上部で構成される空間)内の空気は圧縮されて温度は上昇する(②)。高温になった空気に燃料(軽油)が噴射されると自然発火し、急激に燃焼、駆動力が発生する(③)。高温・高圧の排気ガスは排気バルブを通って排出される(④)。この4つの工程を1つのサイクルとして繰り返される。

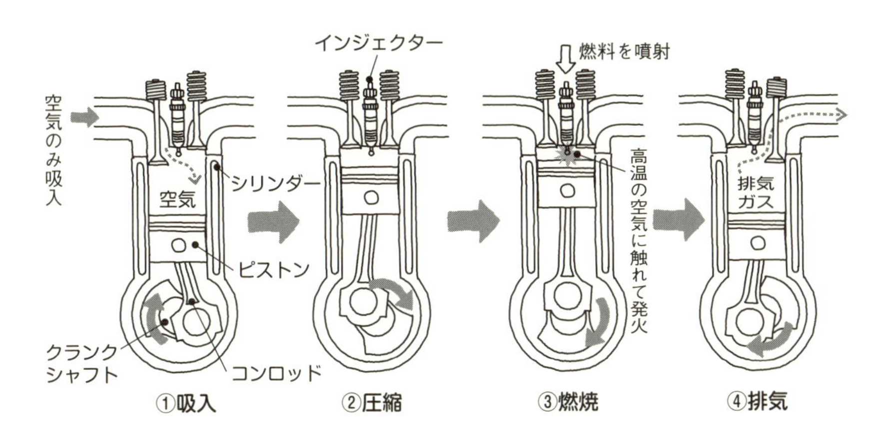

排気ガス浄化システムの概念図

ディーゼルの排気ガスで問題となるのはPMとNOx。両者は二律背反の関係なので、同時に除去することは困難である。そのため、まずPM除去フィルターでPMを捕集、溜まったら燃やして、次にアンモニア水を添加してNOxを無害な窒素(N_2)と水(H_2O)に変えて放出している。

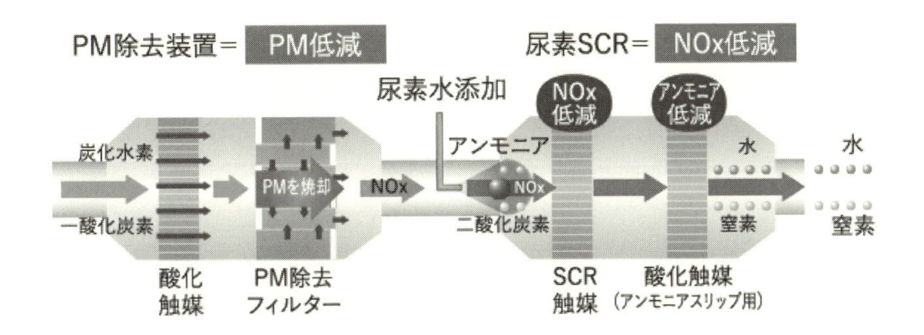

POINT

◎ディーゼルエンジンで問題になるのはNOxとPM
◎NOxとPMはトレードオフの関係にあり、一方を減らすと他方は増える
◎以前は環境にやさしいとみなされていた

代替燃料車とは

街の中を走り回っている自動車の大半はガソリン車やでディーゼル車ですが、プロパンガスや天然ガスを燃料とするクルマも見かけます。これらはどういうクルマなのでしょうか？

◪天然ガスはクリーンな燃料

内燃エンジンの燃料としてはガソリンまたは軽油が常識ですが、燃料は必ずしもこれらだけには限りません。CNG（圧縮天然ガス）車はゴミ収集車によく見られますし、LPG（液化石油ガス＝プロパンガス）車は法人のタクシーで広く使われています。

天然ガス（NG）はメタンを主成分としたガスで、硫黄その他の不純物を含まないためクリーンな燃料でNOxの排出量も少なく、CO_2の排出量もガソリンより2割近く少ないです。LPガスはプロパンやブタンを主成分としたガスで、CO_2の排出もガソリンより10％以上少ないとされています。両者とも常温、常圧では気体ですが、天然ガスは20MPa（200気圧）の高圧、または－162℃の超低温でないと液化しません。そのため日本の天然ガス自動車はCNGとしてタンクに積んでいます。LPガスのほうはわずか0.7MPa（7気圧）、または－42℃で液化します。そのためLPガス自動車への給油は液体のLPガスをタンクに充填します。エンジンへは減圧して気体で噴射しますが、液体噴射もあります。なお、出力はガソリンや軽油よりやや落ちますが、ほとんど遜色ないレベルで、比較的クリーンであることから業界では普及を図っています。ただインフラの問題もあるので燃料価格は安価ながら自治体やタクシー業界以外にはなかなか普及しないのが現実です。

◪アルコール燃料はCO、NOx、SOxの排出が少ない

エタノールはエチルアルコールのことです。エタノールはブラジルではガソリンに代わる燃料として使われていますが、これは自国の産物サトウキビの残渣などから作れるという条件があるからです。アルコール燃料はCO（一酸化炭素）とNOx（窒素酸化物）、SOx（硫黄酸化物）の排出が少ないという特長があります。エタノールは石油からも作れますが、バイオ由来ならカーボンフリーの考え方から、CO_2の排出は問題にならず、クリーンな燃料といえます。一方でエタノール燃料は金属の腐食、ゴムの膨潤、合成樹脂の劣化などの傾向があるので、エタノール専用車で使用する必要があります。日本では混入率が10％未満と決められているため純アルコール燃料はなく、ガソリンにエタノールを3％混入したものをE3、10％混入したものをE10といい、一部のガソリンスタンドで売られています。

CNG車の透視図

燃料の天然ガスは圧縮されて容器に充填。レギュレーターで減圧して気体でシリンダー内に噴射される。エンジンの作動工程はガソリン車などと同じ。

LPG車の構造例（ライトバンLPG専用）

LPGはNGより液化しやすいため、液体の状態でタンクに注入。液化したガスをベーパーライザーで減圧、気化させて噴射するが、液体のまま噴射するものもある。

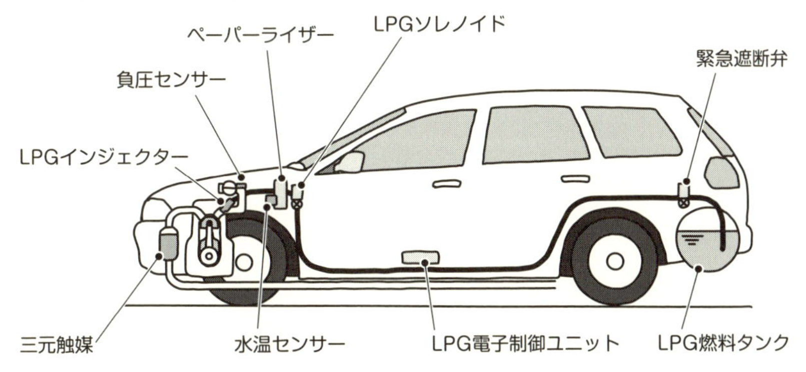

◎天然ガスは高圧か超低温にしないと液化しない
◎価格は割安だが、インフラ整備が普及の足かせに
◎エタノールは専用車で使用

ハイブリッド車

トヨタのプリウスが登場して20年経ち、ハイブリッド車は広く普及しています。ハイブリッドシステムにはどのようなタイプがあり、構造はどうなっているのでしょうか？

ハイブリッドには3つのタイプがある

ハイブリッドとは複合の意味で、ハイブリッド車は通常は内燃エンジンと電気モーターを組み合わせたシステムを搭載したクルマのことです。ハイブリッドシステムはいろいろな種類に分類できます。その分類のひとつ、シリーズ、パラレル、シリーズ・パラレルいう3つの分け方で説明すると、まずシリーズハイブリッドは「直列」が意味するように、エンジンは発電機を回すだけに専念します。発電された電気でバッテリーに充電したり、駆動モーターを回したりして走ります。今は日産ノートの「eパワー」が有名です。パラレルハイブリッドは並列を意味するように、モーターで走るほかエンジンを直接駆動もします。シリーズ・パラレルハイブリッドは前二者の機能を合わせ持つもので、エンジンは発電だけに使うこともできれば駆動にも使えます。状況によりいかようにも使えます。ただし、モーターは2つ（ひとつは発電機）必要になります。

モーターとエンジンによるハイブリッドで4輪駆動も可能

別の分類法もあります。ハイブリッドシステムの基本形といえるのが、エンジンとトランスミッションの間にモーターを挟む方式です。クラッチをモーターの前後に設けておけば、かなり自在に制御できます。モーターだけの駆動、エンジンとモーターの協調駆動、モーターを空回しすればエンジンだけの走行も可能です。減速時にはモーターが発電機となりエネルギー回生をします。もう1つの方式はフロントをエンジンで駆動、リヤをモーターで駆動する方式です。この方式はFF車のリヤにモーターを配置するだけでハイブリッドシステムが構成でき、しかも4輪駆動にもなるという賢い方式です。

また別の考え方として、1モーターか、2モーターかの分類もあります。つまり、駆動モーターと発電機を別に持っているかどうかです。トヨタのハイブリッドシステムTHSは基本的に2モーターのシステムです。他には三菱自動車のアウトランダーPHEVのシステムとホンダのアコードハイブリッドのi-MMDがあり、それぞれ独自開発ですが、偶然にも基本的に同じ機構のシステムです。これに対し、ハイブリッドを先駆けたトヨタのTHSは遊星ギヤを使った全く別の独特の方式です。

ハイブリッドシステムの分類例

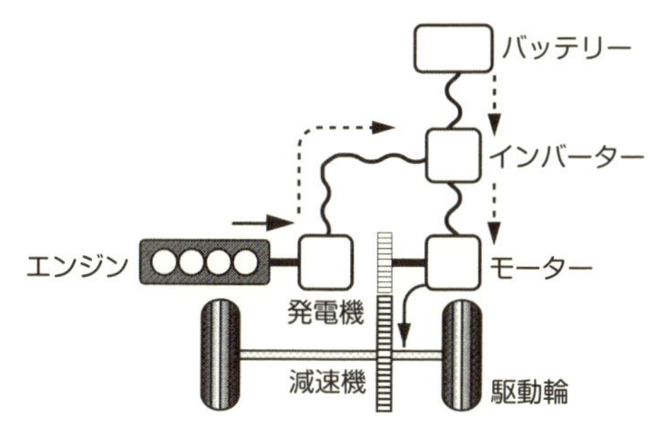

①シリーズハイブリッドシステム

駆動はモーターのみで行われる。エンジンは発電機を稼働させるために使われ、駆動力としては用いられない。電気はバッテリーに充電されるほか、モーターの動力源となる。エンジンは燃焼効率がよい領域で作動するようにしているため低燃費となっている。

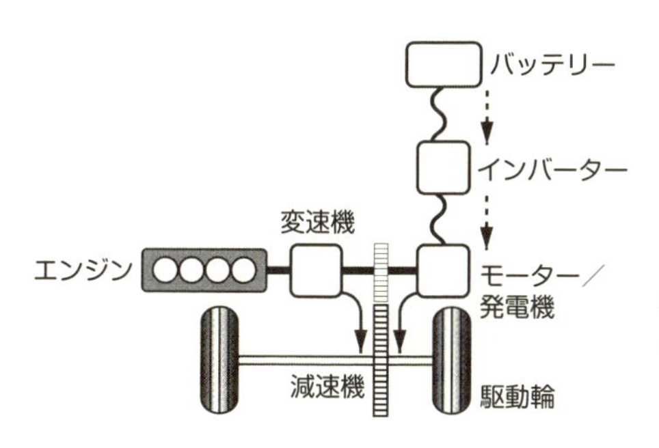

②パラレルハイブリッドシステム

駆動はモーターのみ、エンジンのみ、モーターとエンジンの併用と状況に応じて切り換えられる。モーターは発電機を兼ねるのが一般的。モーターとエンジンを協調制御することで、さまざまな状況に対応できるようにしている。

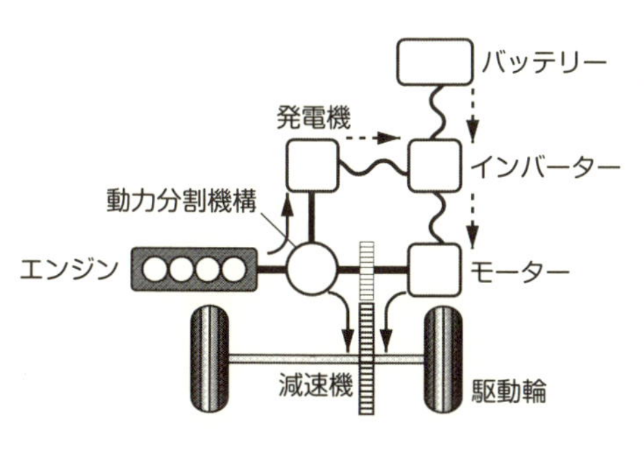

③シリーズ・パラレルハイブリッドシステム

パラレルハイブリッドシステムに、発電機と動力分割機能を加えたシステム。これらを活用することで、パラレルハイブリッドシステムよりもさらに低燃費化などが図れるようになっている。

POINT

◎ハイブリッドシステムはシリーズ型、パラレル型、シリーズ・パラレル型に分類できる
◎搭載するモーターの数（1モーターと2モーター）でも分けられる

電気自動車

内燃機関の発達に後塵を拝して一時は忘れ去られようとしていた電気自動車が昨今、風向きが変わり大変注目されています。ハイブリッド車との違いや普及への課題は？

◩燃料電池車と並ぶ究極のゼロエミッション車

電池に蓄えた電力を使って電気モーターで駆動するクルマが電気自動車で、英語ではElectric Vehicle、略してEVといいます。排気ガスを排出しないので、ゼロエミッション（排出ガスゼロ）車ともいわれ、燃料電池車と並ぶ究極のクルマです。燃料電池車も電気自動車の一種といえます。ハイブリッド車もモーターで駆動する場面が多いのですが、エンジン駆動との組み合わせであり、一応別物とされています。ただ、ハイブリッド車でもバッテリー電源だけで走行する場合を「EV走行」といい、一時的に電気自動車になっているときがあります。特にプラグインハイブリッド車ではモーターだけで走る「EV」モードでどのくらいの距離を走れるかに関心が集まっています。なお、電気自動車はハイブリッド車や燃料電池車などと区別するために「BEV＝バッテリーEV」とか「PEV＝ピュアEV」ということもあります。

◩電池の性能向上が課題解決のカギ

電気自動車の歴史は古く、ガソリンエンジン車よりむしろ早く登場しています。その当時は電気、ガソリン、蒸気による自動車が覇権を争っていました。そして、ガソリンエンジンおよびその後出てきたディーゼルセルエンジンの発達で内燃エンジン車が主流になり、電池性能の向上があまりなかった電気自動車は完全に傍流になってしまいました。しかし石油ショックや排ガスが問題視されると再び注目され、特に近年になり、自動車メーカーは一定量のゼロエミッションビークルを生産・販売しなければ内燃エンジン車を売ることができないという規則がアメリカの多くの州で制定されることになり（ZEV規制）、電気自動車または燃料電池車での対応が不可欠の情勢になってきています。対応できないと、高額のペナルティを払わないと通常のクルマは販売できなくなります。いやおうなく電気自動車が必要な時代になってきているのです。

電気自動車の最大の課題は航続距離です。それを決めるのはほとんどが電池の能力です。自動車メーカーが生産する電気自動車はすべてリチウムイオン電池を使っていますが、これをもってしても、ガソリンエンジン車の半分程度の航続距離でしかなく、画期的な電池の出現が待たれています。

日産自動車・リーフの透視図

重量のあるバッテリーを車体中央の床に置くことで低重心化を図り、走行安定性の向上にも寄与している。

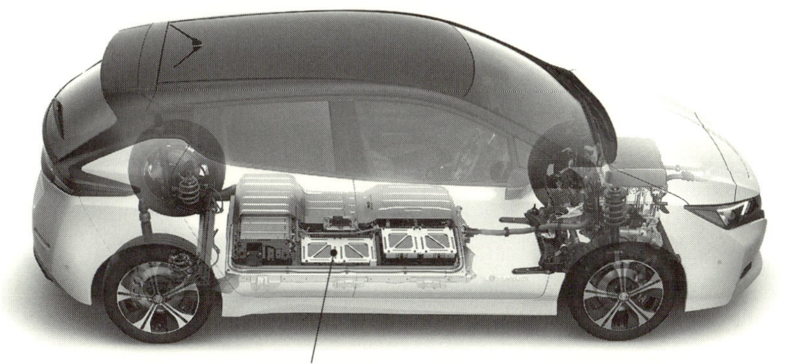

車内空間を確保するようさまざまな工夫が凝らされている

時速100キロを初めて突破した「ジャメ・コンタント号」

19世紀末、蒸気自動車や電気自動車、内燃機関自動車が覇を競っていたなか、1899年にジャメ・コンタント号が最高速度106キロを記録して、一歩先に抜きんでた。後輪にモーターを直結して駆動させたという。

POINT

◎電気自動車の歴史は古く、ガソリン車よりも早く登場
◎環境規制を追い風に普及に拍車
◎課題は航続距離の延長

燃料電池車

燃料電池車は、電気自動車と同じく排気ガスを出さないクルマとして注目され、期待が寄せられています。ただ普及には懐疑的な見方をする人がいますが、可能性はどうなのでしょうか？

◩究極のゼロエミッションカー

燃料電池車は燃料電池で発電した電力を使って走るクルマで、電気自動車の一種といえます。燃料電池には電池という名称が付いていますが、発電機と考えたほうがわかりやすいでしょう。水素を燃料にして空気中の酸素と反応させて電気を作ります。排出するのは水だけですからクリーンで、電気自動車と同様にゼロエミッション（排出物ゼロ）のクルマといえます。したがって電気自動車と並んで究極のクルマとも呼ばれることがあります。

燃料電池車はいわゆるゼロエミッションのクルマですから将来を期待されていますが、まだ難しい問題を抱えており、一気に普及が進みにくいのも事実です。最大の問題は水素のインフラが整っていないことですが、車両の価格がまだ高いこともネックとなっています。しかし一方で電気自動車のように航続距離が短いという欠点は克服されており、たとえばトヨタMIRAIでは1回の充填で650km走れます。水素充填に要する時間は3分程度ですからガソリン車とほとんど変わりません。

◩水素は理想的なエネルギー

水素は石油のように掘り出せばあるといったものではなく、いわゆる2次エネルギーといって、他のエネルギー、たとえば天然ガスや太陽光などから作り出さねばなりません。作るのに手間が掛かるしコストも安くありません。そのため水素を燃料とした燃料電池車に対して否定的に考える人もいます。しかし、燃料電池車の将来をそれ単独で考えるのは狭い見方です。実は水素は理想的な将来的なエネルギーであり、水素エネルギーを基盤とした「水素社会」というものが考えられています。これは国を挙げての方針で、それに向けたインフラの整備が着々と進められています。日本では家庭用の燃料電池「エネファーム」がすでに販売され、普及が進んでいます。これも水素社会へ向かう道筋のひとつです。

なお、燃料電池車は英語でFuel Cell Electric Vehicleで、FCVまたはFCEVといいます。日本では「E」を省いてFCVと略されることが多いのですが、海外ではFCEVが普通で、日本でも学術的に論じるときはFCEVがよく使われます。プラグインハイブリッド車のPHVとPHEVも同様です。

MIRAIの構造

トヨタの燃料電池車MIRAIの機構図。燃料電池車の心臓部といえるFCスタックを車体中央に置き、前にモーターとパワーコントロールユニット、後方に水素タンクとニッケル水素電池を配置。水素タンクは2つに分割されて搭載されている。

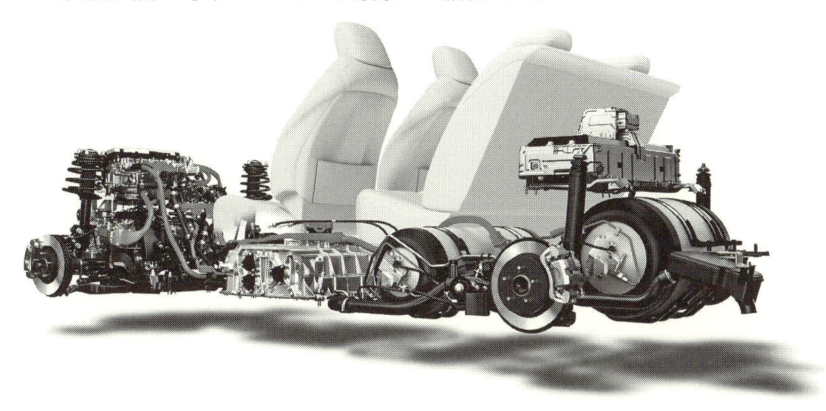

水素社会の未来図

水素事業に取り組む岩谷産業が描く水素社会のイメージパノラマ(2017年10月に開催された「危機管理産業展」イワタニブースにて著者撮影)。水素を暮らしや産業に活用する水素社会では、水素ステーションや水素供給拠点を核に水素・熱ネットワークが張りめぐらされ、次世代電力網と連絡される。

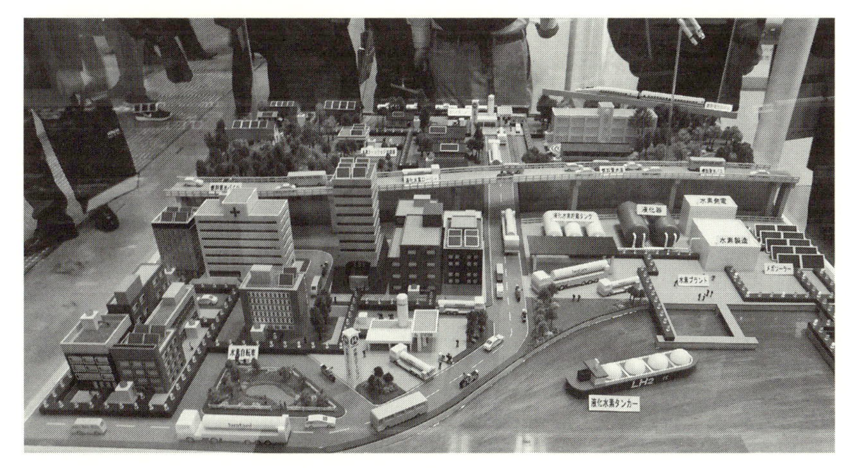

POINT

◎燃料電池は、水素を燃料にして空気中の酸素と反応させて電気を作る発電機
◎インフラ整備が不十分なことと車両価格が高額なことが普及のネック
◎充填に要する時間と走行距離はガソリン車並み

COLUMN 1

電気自動車と燃料電池自動車は共存するのか？

両者とも電気をエネルギー源としてモーターで駆動される点では同じですが、電気の供給元が異なります。前者は車体に搭載した二次電池から、後者は水素を“燃料”とした燃料電池で発電しています。そのため必要とされる社会資本（インフラ）は全く異なります。電気自動車（EV）の場合は充電設備が、燃料電池自動車（FCV）の場合は水素ステーションがインフラであり、双方には親和性や相互補完性はありません。

わが国では、国の支援を受けて充電設備と水素ステーションの整備が並行して進められていますが、今後も同じように進展していくのでしょうか。昨今の情勢では、欧州諸国や中国は国を挙げてEVの普及に力を注いでいるように見受けられます。

そのことを考察するために、EVとFCVの弱点をみてみましょう。EVの弱みは充電に時間がかかることです。現在のところ数時間は必要です。急速充電すれば時間は短縮できますが、それでも30分程度は要するようですし二次電池に負担を掛けてしまいます。またバッテリー容量の関係でフル充電しても航続距離は決して長くないため、遠距離走行するためにはそれなりの配慮が求められます。さらに搭載されているリチウムイオン電池は温度の影響を受け、寒冷時では能力は低下します。ですからEVの普及には、充電設備を分散して多数設置する必要があります。それに対し、FCVは現行の給油並みに数分で水素が補給でき、航続距離も現行の自動車並みですが、ネックは水素ステーションの建設費が高額なこと。新設するにはガソリンスタンドの4～5倍、1か所につき4～5億円程度の費用がかかるそうです。運用費も年間5000万円要するといわれています。車両価格もEVよりずっと高額です。ただ、EVとFCVは用途が異なるのも事実です。EVは短距離用・小型向け、FCVは長距離用、大型向けと棲み分けができ、共存が進むことも考えられます。いずれにしても今後の普及具合や技術革新の進捗状況などを見ながら判断するのがよさそうです。

第2章

自動車の低燃費メカニズム・環境技術の基礎知識

Low-fuel consumption mechanism of automobiles, Elementary knowledge of the environmental technology

燃費がよいとは熱効率がよいということ

昨今では燃費性能が重視されています。自動車を購入する際の基準の1つになっているほどですが、その燃費を左右する条件にはどのようなものがあるのでしょうか？

エンジンは燃料を燃やして熱を発生させ、その熱膨張を動力に変換する熱機関です。燃焼とは燃料が酸素と激しく化合することで、自動車用エンジンではガソリンや軽油などが空気中の酸素と化合し（燃焼）、高温の熱を発生しガスが膨張します。この膨張する力をピストン、コンロッド、クランクシャフトなどを使って回転力として取り出し、クルマを動かす動力としています。このとき、燃料が持っている潜在的なエネルギーが100％動力に変換できるわけではなく、そこには必ず損失（ロス）が生じています。

◩未燃状態を防ぐ希薄燃焼

損失で大きいのは排気損失、冷却損失、ポンピング損失、それに摩擦損失などです。これらについては次項で詳しく説明します。このほかに、投入した燃料がうまく燃焼しない場合もあります。燃焼は燃料が酸素と激しく化合することだといいましたが、状況によっては酸素（空気）と出会えない燃料も出てきます。酸素と出会えない燃料は未燃状態のまま排気され、無駄に捨てられてしまいます。特に混合気が濃い目のときには空気の割合が少ないので、空気に出会えない燃料が増えます。

シリンダーに取り入れる燃料と空気の比率のことを空燃比といいますが、理論上はレギュラーガソリンの場合、14.7（重量比）とされています。空気に出会えない燃料を減らすにはこの空燃比を大きく、たとえば20とか30にするとよいわけです。いわゆる希薄燃焼（リーンバーン）で、低燃費化の1つの手法になっています。

◩スワールとタンブル

同じ空燃比でも燃料と空気の出会いを促進するためには、混合気をよくかき混ぜれば燃料が空気に出会えるチャンスも高まります。この手法にはいわゆるスワール（横渦、シリンダー壁周りの横向きの渦）、やタンブル（縦渦、シリンダー内の縦向きの渦）があります。これは吸気ポートやバルブの角度などを工夫して渦を発生させるもので、現在のエンジンはいずれもこの考えに基づいて設計されています。

いずれにしろ、投入した燃料に対して、動力として取り出せる割合が効率ですが、熱機関ですからこれを熱効率といいます。熱効率が高いということは損失が少なく同じ燃料で大きな仕事をしてくれるわけで、すなわち燃費がよいことになります。

エネルギー損失の割合

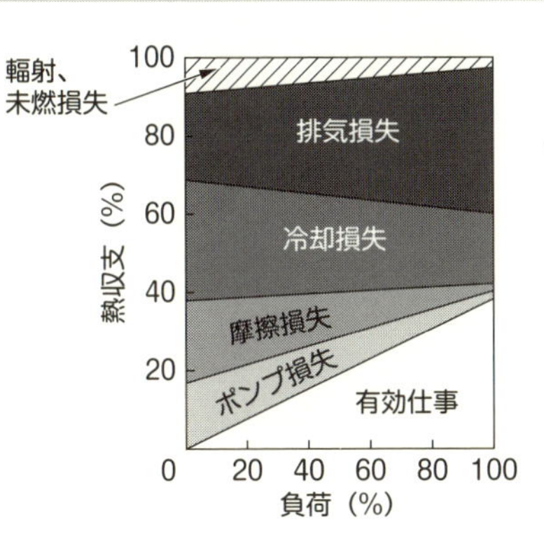

排気損失は高負荷で大きくなるが、他の損失はいずれも高負荷ほど小さくなる

高負荷域では熱効率が高いので燃費はよくなる

空燃比の意味

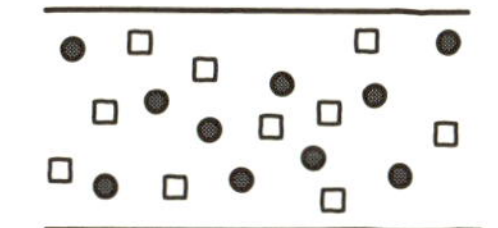

①理論空燃比14.7（ストイキ）
燃料と空気の量が理論上適正。この比率での吸気がストイキ

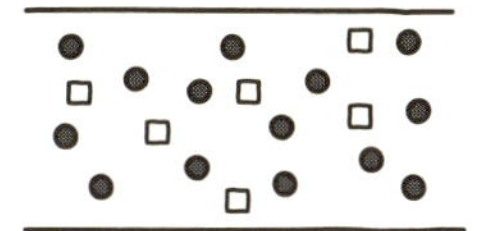

②濃い（リッチ）
空気に出会えない燃料が多い（燃料過多）

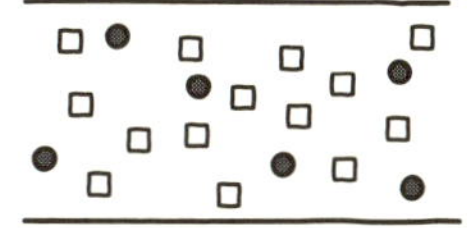

③薄い（リーン）
燃料に出会えない空気が多い（燃料過少）

スワールとタンブル

燃料と空気との出会いを増やすためには混合気をよくかき混ぜるのが有効。かき混ぜ方には横渦のスワールと縦渦のタンブルがあり、両方を使う場合もある。

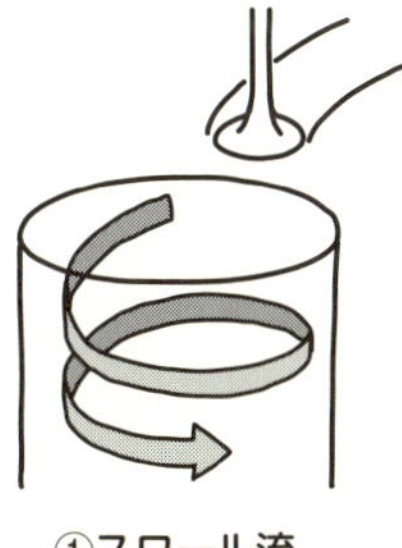

①スワール流

②タンブル流

POINT
◎燃料は動力に100%変換できず、損失は必ず発生する
◎損失で大きいのは排気損失、冷却損失、ポンピング損失、摩擦損失など
◎希薄燃焼（リーンバーン）は、低燃費化の１つの手法

排気損失とは

燃料を燃やすと排気ガスは必ず出てきます。その排気ガスはターボチャージャーの駆動源として利用されることはありますが、たいていはそのまま排出されています。この損失も少なくないのでは？

◪熱エネルギーを運動エネルギーに変換

内燃エンジンでは、シリンダーヘッドとピストン頂部で構成する燃焼室の中で燃料と吸入した空気中の酸素との混合気を急速燃焼させて、高温高圧のエネルギーを持ったガスを生み出します。このガスがピストンを押し下げ、ピストンの直線運動をクランク機構を介して回転運動に変えて、回転力として取り出します。つまり熱エネルギーを運動エネルギーに変換しているわけです。ガスは、シリンダー内で膨張するに従い、温度と圧力を下げていきます。この後すぐに排気バルブが開いて排気行程に入りますが、この時点では下がったとはいえ温度・圧力は外気に比べればかなり高く、排気ガスはまだ相当なエネルギーを持っている状態です。しかし、残念ながらエネルギーを使い切っていないこの排気ガスは排出されてしまいます。基本的にはこれが排気損失です。

排気バルブから出た排気ガスは排気ポート、排気マニホールドを通り、触媒などを経て消音マフラーに至ります。この間にも自然冷却されて残存エネルギーは少なくなっていきます。消音マフラーはエネルギーを下げる装置の一種で、音だけでなく温度、圧力などをかなり下げ、最終的にテールパイプから排気ガスを排出します。

◪エンジンの高回転領域は排気損失が大きく、燃費悪化の原因となる

このように、テールパイプから排出されるガスのエネルギーは相当下がっていますが、排気ポートを出たばかりのガスはまだかなり大きなエネルギーを持っているわけです。それは、ターボチャージャーがこの排気エネルギーを使った装置であることからも想像できるでしょう。ターボチャージャーは高温高圧の排気ガスでタービンを毎分10万回転にもなる高回転で回転させ、同軸のコンプレッサーで吸入空気を圧縮します。その圧縮した空気をシリンダーに押し込んで、高出力を生む源泉にしています。排気タービンは高温で真っ赤になるほどであり、いかにエネルギーが残存しているかがわかります。

実験データによれば、排気損失は負荷の大きさにはあまり依存しませんが、高回転になるほど大きくなります。つまりエンジンを高回転で使うような運転では、排気損失が大きく、燃費を悪化させることになるといえます。

大きな排気エネルギーを徐々に下げる排気システム

シリンダーから出た排気ガスはエキゾーストマニホールド、エキゾーストパイプ、触媒、マフラーなどを通って徐々にエネルギーを放散させていく。温度、圧力も下がってから外気に排出されるが、それは損失を生んだことでもある。

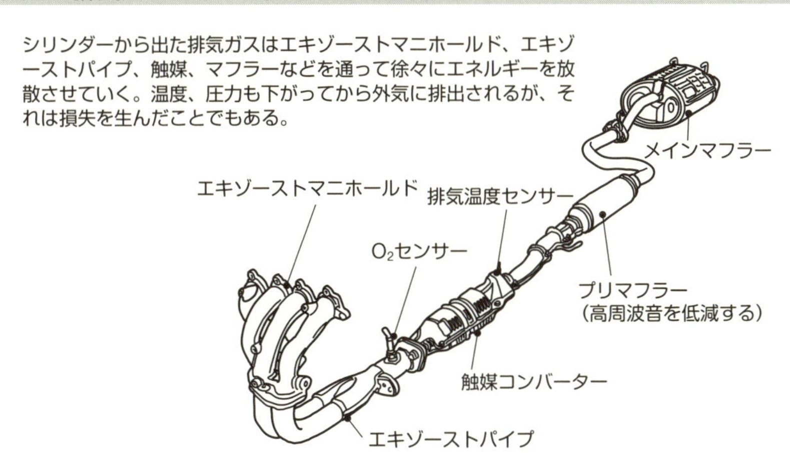

排気エネルギーを有効に使うターボチャージャー

排気ガスにはまだ大きなエネルギーが残っているので、これを有効に使うことで熱効率を高めることができる。その代表がターボチャージャーで、排気タービンは真っ赤になるほどの高温と高圧で10万rpmといった高回転を得てコンプレッサーを回し、吸気を圧縮して充填効率を高めている。

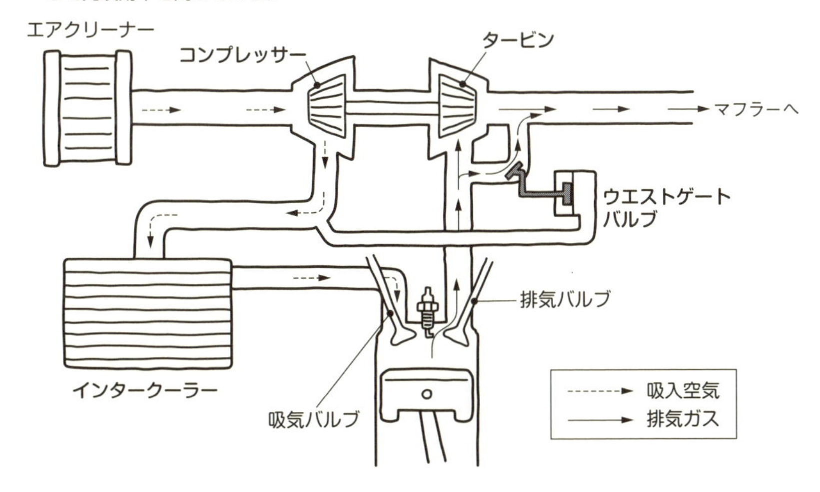

POINT
- ◎排気ガスはエネルギーの塊
- ◎ターボチャージャーは排気ガスを有効に利用する装備
- ◎排気損失は回転数が高いと増えるが、負荷の大きさにはあまり依存しない

冷却損失とは

燃料を燃やすと高温のガスが発生します。そのため、水などを用いてエンジンを冷やしています。この冷却からも損失は生まれているのですか？

エンジンでは燃焼行程で高熱が発生するので、冷却しないとエンジン自体が過熱していわゆるオーバーヒートの状態になってしまいます。この状態に陥るとノッキングや過早着火など異常燃焼の症状が出るほか、ひどい場合はガスケットが抜けたり、シリンダーやシリンダーヘッドにひずみが生じたりすることもあります。そのためエンジンには冷却が必要です。自動車用エンジンでは空冷もまれにありますが、ほとんどは水で冷却して適正な温度を維持するようにしています。

◩水を用いて積極的に冷やす

シリンダー内やシリンダーヘッドには、冷却水が循環するための通路が設けられており（ウォータージャケット）、ウォーターポンプで水が送られます。シリンダーやシリンダーヘッドを冷却して熱せられた水はラジエターに送られ、冷却してから再循環させます。冷却損失は冷却水で積極的に冷やして失われるものがほとんどですが、エンジンオイルも高温になるので、オイルを通じた冷却損失もあります。スポーツカーやレーシングカーではオイルクーラーを設けてオイルを積極的に冷やすこともあります。そのほか、熱を持ったエンジンが自然空冷されたり、トランスミッションなど他の部品を伝って逃げたりすることもあります。

冷却損失はシリンダー内で燃焼した高温のガスの熱が周辺の壁から逃げるわけですが、小さなエンジンより大きなエンジンのほうが冷却損失の割合は小さいとされています。なぜなら大きいエンジンのほうが排気量に対して燃焼ガスが触れる燃焼室内の表面積の割合が小さいからです。たとえば排気量を2倍にし、燃やすガスの量を2倍にしても、シリンダー壁周りの表面積はおよそ1.6倍程度しか増えません。つまり容積は三乗で増えますが面積は二乗でしか増えないからです。

◩大きな割合を占める冷却損失

このことをいうのに「S/V比」を使います。これは燃焼室の全表面積（Surface）と体積（Volume）の比を表わすもので、そのエンジンの性格を表わす指標です。たとえば「S/V比が小さいほうが冷却損失は少ない」などといいます。

冷却損失は排気量や回転数、負荷などいろいろな条件で変わりますが、全損失中25〜45%と大きな割合を占める重要な項目です。

冷却は必要だが損失にもなる

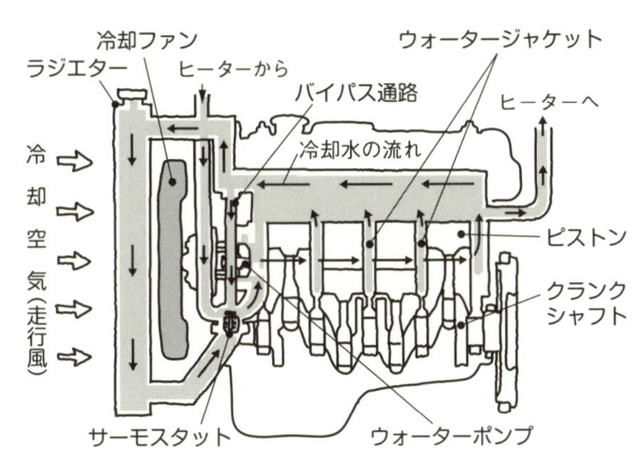

ガソリンエンジンは1000℃前後、ディーゼルエンジンでも850℃程度の高温になるので冷却は絶対に必要。そのためシリンダーやシリンダーヘッドには冷却水の通路が設けられており、ウォーターポンプ、ラジエターなどで冷却系を構成し、エンジンを積極的に冷却している。しかし、この冷却も熱エネルギーを大きく失うもので、冷却損失として必ず発生する。

積極的に熱を放散するラジエター

オーバーヒートしないようにするためにはラジエターで積極的に冷却水の温度を下げ、熱を放散させる必要がある。これによる損失は大きい。小さなエンジンほど冷却損失の割合は大きい。炎天下での低速走行もあるので電動ファンなども装備する。高性能エンジンでは冷却水だけでなくオイルの温度を下げるために、オイルクーラーを設ける場合もある。

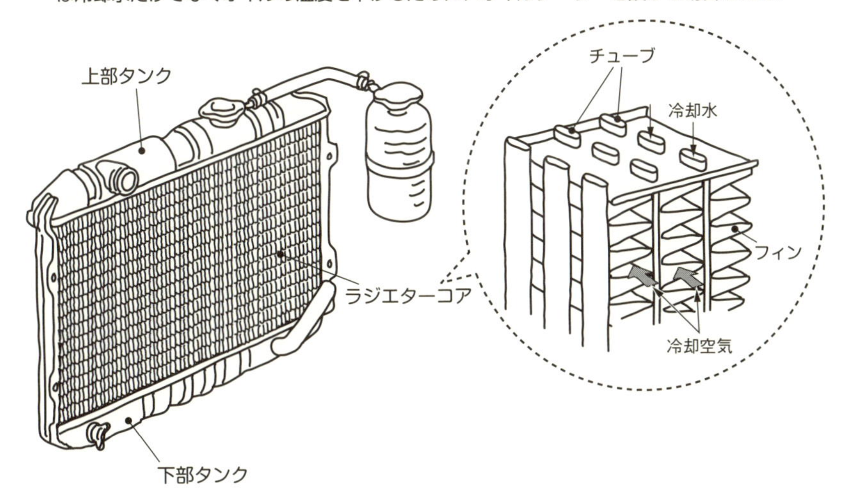

POINT

◎オーバーヒート状態に陥ると、エンジンにダメージを与えることがある
◎水を循環させてエンジンを冷やすのが一般的
◎大きいエンジンのほうが小さいエンジンより冷却損失の割合は小さい

1-4 ポンピング損失とは

ガソリンエンジンの場合、熱効率はよくて30～40%だそうで、残りは無駄に捨てられているとのことです。利用されずに排出される損失にはどういうものがあるのですか？

読者の中には、エンジンにはポンピング損失というロスがあること自体を知らない方がおられるかもしれません。冷却損失などは感覚的にわかりますが、ポンピング損失の実態はわかりづらいからです。しかし、このポンピング損失はエンジンの全損失の中でもかなり大きな割合を占める重要な項目なのです。

では、ポンピング損失とはどういうものでしょうか。エンジンはピストンの上下動により空気をシリンダーに取り込んだり、燃焼のあとの排気ガスを排出したりしています。この気体の出し入れ時に、通路が狭いとその部分を通過するのが抵抗になって、損失が発生します。

◩圧力抵抗によってエネルギーが損失

わかりやすい説明としてよく使われるのが、水鉄砲や注射器の例です。水鉄砲は水を遠くに飛ばすために筒先を狭くしています。この筒先から水を勢いよく通過させるには大きな圧力を掛けねばなりません。この圧力が損失の元です。注射器で吸引するときも同様です。注射器の内筒を強く引いても、細い針先から吸引するのはなかなか困難です。このように気体や液体が細いところを素早く通過するには抵抗があって通りにくく、これが損失を発生させる原因になります。実際には圧力抵抗が熱となってエネルギーが失われます。

実際のエンジンでは、まずエンジンの吸入行程で大きなポンピング損失が考えられます。一番大きいのがスロットルバルブです。スロットルバルブの開度が小さいと、それだけ通路が狭いのでポンピング損失は特に大きくなります。つまりエンジンが低回転のときほどポンピング損失の割合は大きいのです。アイドリング回転は空気の流量としては少ないのですが、ポンピング損失の割合は一番大きく効率はよくない領域といえます。一般的にディーゼルエンジンがガソリンエンジンより効率が高いのは、スロットルバルブがないからだともいわれています。しかし、ガソリンエンジンでもスロットルバルブをなくす工夫がなされたものもあります。「連続可変バルブリフト」の機構です。これについては別項で詳しく説明します。

排気行程でも高圧の排ガスが排気バルブを通るときにポンピング損失が発生します。したがってバルブ径は大きくリフト量も大きいほうが損失は少ないといえます。

ポンピング損失の考え方

ポンピング損失は注射器にたとえるとわかりやすい。入り口が広いと空気は入りやすいが、狭いと入りづらく大きな力が必要になり、それだけ大きなエネルギーを費やさねばならない。これがポンピング損失の元になる。

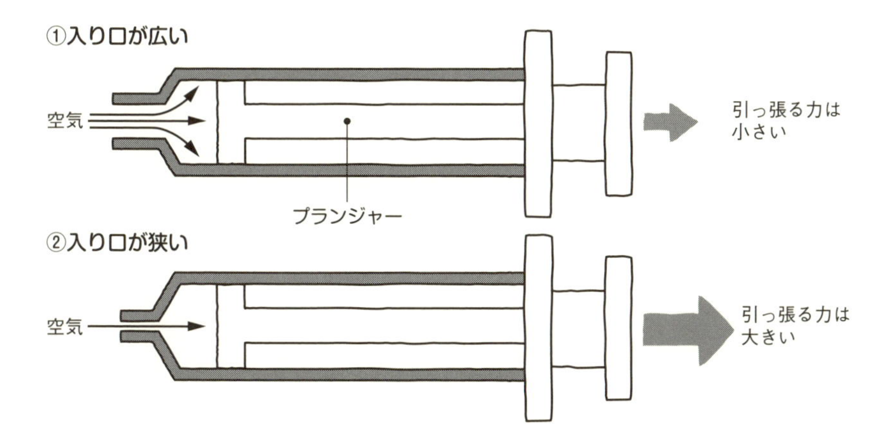

スロットルバルブと吸気バルブで起こるポンピング損失

スロットルバルブは吸気の通路を絞るので、開度が小さいときほどポンピング損失が大きくなる。吸気バルブも開度が小さいときにはポンピング損失を発生させる。他方、排気バルブはもともと高圧のガスが積極的に出ていくので、ポンピング損失は吸気バルブほどには問題にならない。

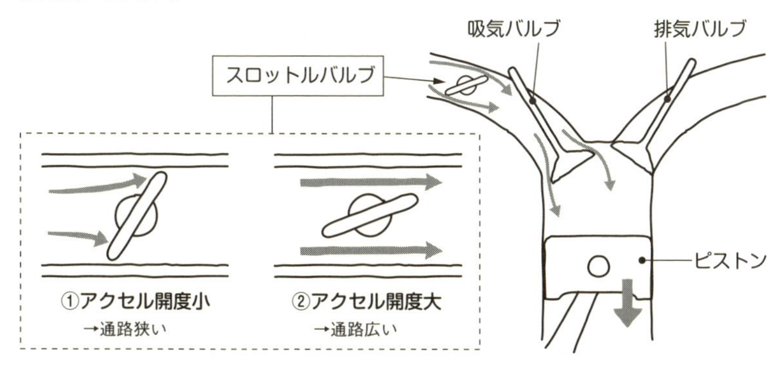

POINT
◎狭い通路が抵抗になって、ポンピング損失が発生
◎ディーゼルエンジンがガソリンエンジンより効率が高いのは、スロットルバルブがないのも理由の1つ

摩擦損失とは

手と手をこすり合わせると温かくなります。運動エネルギーが熱エネルギーに変換されたからですが、摩擦損失とはこのようなことから生じるのですか？

摩擦損失はフリクションロスともいわれ、文字どおり物体がこすれ合うときに発生する抵抗から生ずる損失です。物理的には運動エネルギーが熱エネルギーとなって放散することで失われる損失です。たとえばピストンとシリンダーは摺動します。コンロッドの小端部はピストンピンを介してピストンとつながっていますが、このピンの円周上で摺動運動が起きて摩擦が生じます。大端部側もクランクシャフトと同様につながっており、摺動運動をしています。このような部分には摩擦を低減するために「メタル」といわれるベアリングが使われています。

◩こすれ合うときに生ずる抵抗が摩擦損失の元

また、バルブを駆動するためにまずカムシャフトを回転させますが、このためにタイミングチェーンやコッグドベルトでクランクシャフトをつなぎます。ここでもスプロケットとチェーンあるいはベルトの歯との間に摩擦が生じます。カムの形状に応じてロッカーアームが動き、その動きがバルブを押し下げ、バルブはバルブガイドの中を動きます。

これら一連の動きには必ず摺動運動があり、摩擦があります。摺動運動では摩擦が大きいとして回転運動に替えることで摩擦損失を減らす方法があり広く採用されていますが、構造はより複雑になり重量も増え製造コストが高くなりますから、全面的に採用されるわけではありません。

エンジン本体以外にも、補記類の稼動に費やされる損失もあります。オイルポンプ、ウォーターポンプ、オルタネーターやエアコンのコンプレッサーなど、ベルトで駆動するときにはベルトとプーリーの間の摩擦、ベアリングにかかる荷重に対する摩擦損失など、動くところに必ずあるのが摩擦損失です。

◩運動するところに必ず摩擦があり損失がある

このように稼動部分には摩擦がつきものですが、冷却損失や排気損失、ポンピング損失などと比べるとそれよりは小さい損失です。しかし、徹底した低燃費が求められる現在、この摩擦損失の低減も重要な課題になっています。詳しくは後述しますが、低減の方法はまず潤滑の改善、摺動面の面積縮小、摺動面の摩擦係数低減、摺動摩擦を回転摩擦への転換、電動化などがあります。

エンジンの動きに伴う摩擦損失

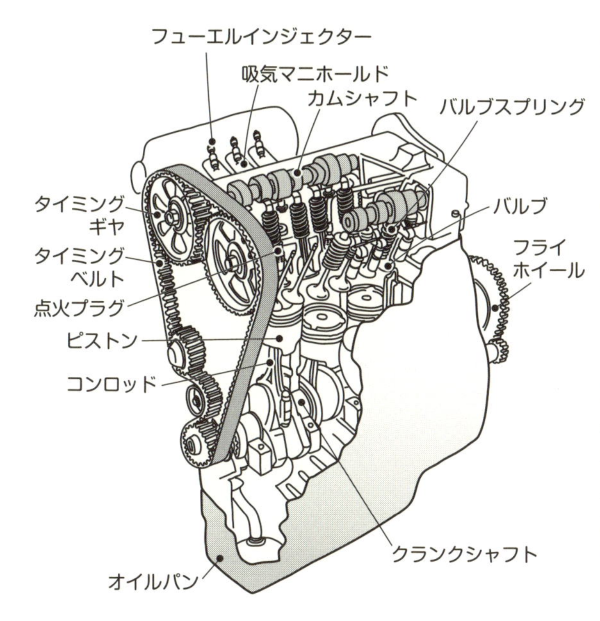

ピストンはシリンダー壁に押し付けられた状態(サイドスラスト)で上下に摺動するので大きな摩擦力が働く。コンロッドの上端部はピストンピンと、下端部はクランクピンと結合されて動いているので、ここからも摩擦力は発生する。クランクシャフト自体もジャーナル部で回転を支えており、メタルを介しているとはいえ摩擦損失が生じている。また、カムシャフトはクランクシャフトからチェーンやコッグドベルトで動力を得ているが、このときにも摩擦損失が生じている。カムシャフトがバルブを押し下げる際にも、駆動方式に関係なく必ず摩擦損失が生じる。

補機駆動ベルトの摩擦損失

補機類の駆動ベルトは、プーリーとの摩擦力により補機を回している。ベルトの張りがゆるいとスリップしてプーリーは回せないし、張りが強いほど摩擦損失は大きくなる。

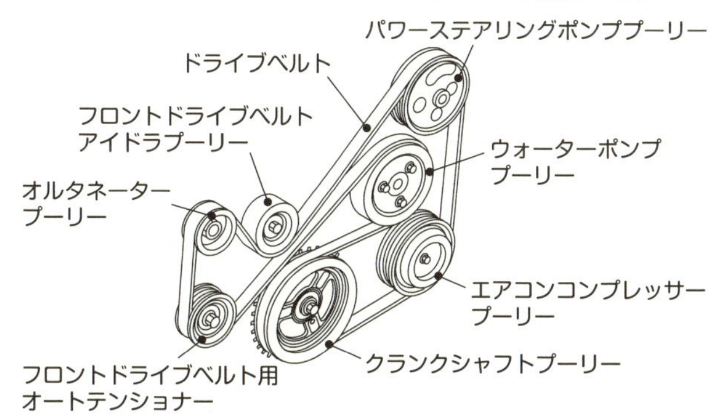

POINT
- ◎運動エネルギーが熱となって失われるのが摩擦損失
- ◎ベルトやチェーンの駆動でも摩擦損失が発生
- ◎排気損失、冷却損失、ポンピング損失よりは小さい摩擦損失

トルクと出力（馬力）の関係とその意味

エンジンの話をするとき、よく馬力とかトルクという言葉を聞きますが、これらはどういうものですか？　またトルクと馬力にはどんな関係があるのですか？

エンジンの性能を扱うときに出てくる単位にトルクと出力（馬力）があります。まずこの概念を確認しておきましょう。トルクとは回転力で、エンジンではクランクシャフトの回転で取り出されます。このトルクは物理的には「仕事」と同じ単位で表されます。たとえば75kgの物体を1m持ち上げればこの仕事の量は75kg-mとなります。1kgの物体を75m持ち上げても同じです。トルクの場合は、中心軸から半径1mのところを75kgの力で押した場合に、中心軸には75kg-mのトルクが掛かったことになります。

では、出力とは何かですが、これは仕事率です。つまり、75kg-mの仕事を1秒間で行えばその出力は1PSです。

1PS＝75kg-m/s

となります。なぜ75という数字なのかは単に「馬1頭のパワーはそのくらい」ということで決められた数字にすぎません。

仕事やトルクには時間の概念が入っていないので、テコの原理で数値を大きくすることができます。たとえばギヤで減速すればトルクは大きくなります（ただし回転数は下がります)。これに対し出力は時間の概念が入った単位なので、機械的に増大させることはできません。

◪トルク×回転数＝出力

トルクと出力（馬力）の関係がどういうものかというと、単純にトルクに回転数を掛けたものが出力です。ということは大きなトルクでも回転数が低ければ大出力にはなりませんし、高回転まで回ってもトルクが低ければ大出力にはならないのです。高い回転数で大きなトルクを得られれば、大出力となります。ただし、高回転で高いトルクを得るのは難しいのです。高回転では吸排気の効率が落ちるし摩擦損失も増えるので、効率のよいエンジンは過度な高回転化は目指しません。

ところで、現在はトルクと馬力の単位はNm（ニュートンメートル）とkW（キロワット）になっています。これはSI単位系といって世界的な取り決めによるもので、基本的にはこちらを使うことになっています。併記する場合はむしろkg-mやPSがカッコの中に入ります。

仕事とトルク

加えた力と移動距離を掛けた値が仕事で、先端に加える力と半径を掛けたものがトルク。
右図で半径1mの腕木を90度左に回すと同じ単位の仕事をしたことになる。

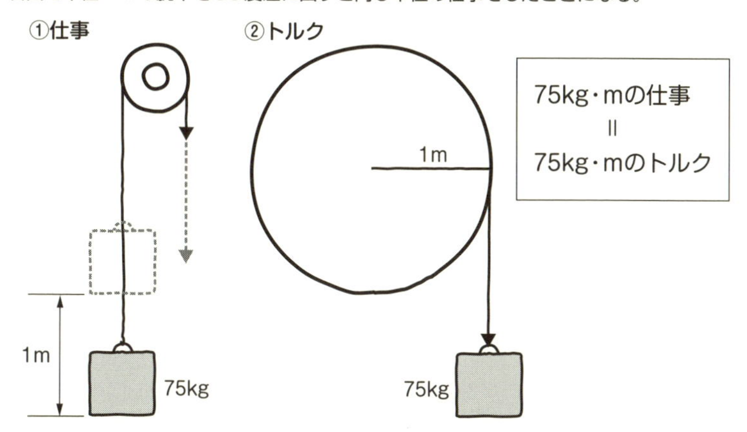

出力(馬力)の計算方法

出力は仕事率で、単位時間あたりにどれだけの仕事をしたかを表わす数値である。係数に出てくる2πは円周の長さで、「/60」は1分間の回転数rpmを1秒間の回転数にする意味。

PS＝トルク×回転数×0.001396(係数)
kg・m　rpm　(係数：2π/60×75)

kW＝トルク×回転数×0.104667(係数)
N・m　rpm　(係数：2π/60)

1PS(フランス馬力)
≒0.986HP
(イギリス馬力)
1PS＝0.7355kW

DIN馬力

ドイツ工業規格(DIN)が決めた試験方式で測定した馬力。車に搭載した状態とほぼ同じ条件で測る。日本も採用している。ネット馬力ともいわれている。

SAE馬力

アメリカで採用している馬力表示。1971年までは補機類を除いて測定しており、一般的にグロスと呼ばれている。

POINT

◎トルクは回転力で、出力は仕事率
◎トルクに回転数を掛けたものが出力
◎現在はNmとkWで表記

トルクと燃料消費率の関係

トルクとは回転力で、機械的に増やしたり減らしたりすることができることはわかりました。そのトルクの増減と燃料消費には、関係がありますか？

エンジンの燃料消費率は、単位出力時間あたりの燃料消費量で表されます。理論的にはトルクと逆比例の関係にあると考えてよいでしょう。最近はエンジンの性能曲線すらクルマのカタログに載っていないことが多いのですが、かつてはエンジン性能曲線にトルクと出力と燃料消費率の曲線が示されていました。よく見ると燃料消費率の曲線は谷形の曲線を描いていて、山形のトルク曲線とはほぼ逆の形状になっています。燃料消費率はアイドリング時ではあまりよくありませんが、回転数が上がるに従って消費する燃料は少なくなり（燃料消費率の向上）、ある回転数を境に、今度はより多く消費する（燃料消費率の悪化）ようになっていきます。トルク曲線の場合は、アイドリング時には低かったトルクが回転数の上昇に伴って高まり、ある回転数を頂点にして頭打ちになり、そこから低下していきます。

◪高トルク領域は高効率で燃費も良好

トルク曲線の山形の頂点が最大トルクですが、この回転数ではエンジンは最も効率よく運転されていると考えられます。回転が低すぎても高すぎても吸入効率は落ちて、それがトルクに反映しているとみられるからです。ただし、カタログ上の性能曲線図は全負荷、つまりアクセル全開時のものであり、部分負荷の場合はこのトルク曲線も全体に下がってきます。完全に同じ形状で真下に下がるわけではありませんが、ある程度傾向は想像できます。

いずれにしろ、同じ大きなトルクを発揮しているということは、効率のよい仕事をしているということです。それだけ燃費率もよいと考えてよいでしょう。したがって高いトルクを発生するエンジン回転数あたりで運転すると低燃費につながりますが、実際の自動車の運転時にはトランスミッションのギヤ比も関係するので、たとえ高トルク、低燃費のエンジン回転数でも、低いギヤでは実際の燃費は伸びません。最も高いギヤであれば燃費は伸びますが、走行抵抗との兼ね合いがあるので、完全に一致するわけではありません。たとえば空気抵抗は速度の二乗で大きくなるので、高トルクを発揮する回転域で走っても、抵抗が大きくて燃費率が延びないことがあります。一般的には最大トルク発生の回転数より低い回転（速度）で一番よい燃費率が得られます。

エンジン性能曲線

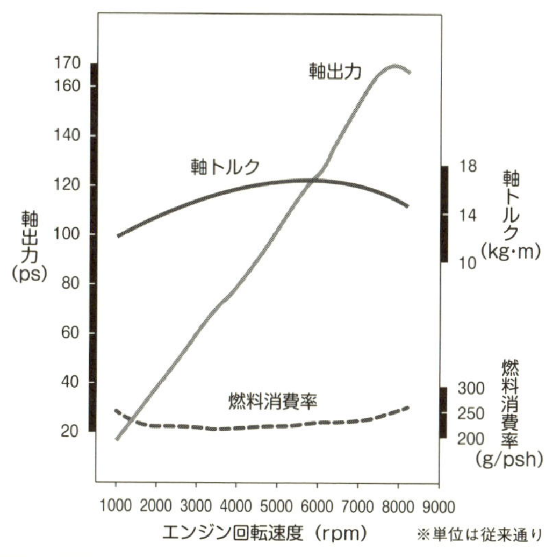

トルク曲線はおよそ山形の曲線で、低回転領域と高回転領域で低い形をしている。燃料消費率の曲線は逆に谷形を描く。高いトルクが出るのは効率よく働いているからと考えられるが、損失も増えることから通常最大トルクより低い回転数で一番よい燃費の回転数がある。

走行性能曲線

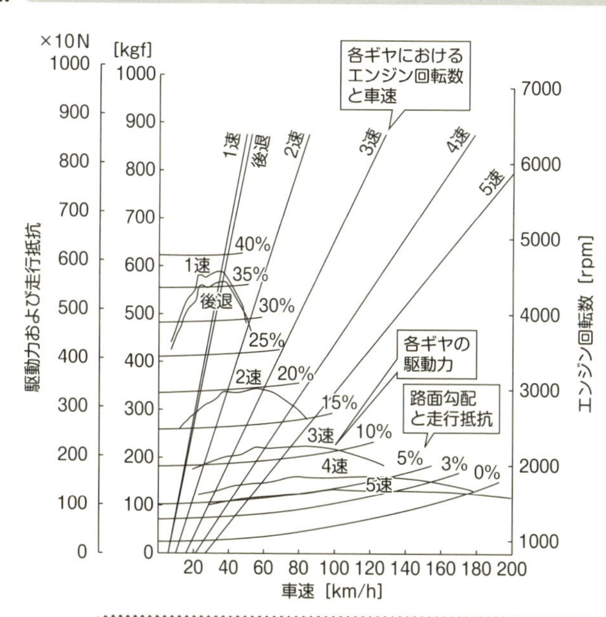

山形の曲線は各ギヤの駆動力で、エンジンのトルクを反映している。右上がりの曲線は坂の勾配別の走行抵抗で、空気抵抗は二乗に比例するので直線ではない。急勾配や急加速時には大きな駆動力が要るので、低いギヤを使うが、燃費は悪化する。

POINT

◎燃料消費率とトルクは逆比例に近い関係にある
◎実際の運転時にはギヤ比が燃費に影響を与える
◎走行抵抗や空気抵抗も燃費に影響を及ぼす

回転数／負荷と効率

エンジンは回転数によって出力やトルクが増減し、また効率にも影響を与えるということですが、それ以外にも効率に影響を及ぼすものはありますか？

◤負荷の増大に比例してスロットル開度は開く

エンジンには最も効率のよい回転数があることは前項の通りですが、効率は回転数だけでなく負荷も関係しています。負荷とは何かというと、消費するエネルギーということになります。そのエネルギーを負担するのがエンジンであり、運転状況によりエンジンがエネルギーを出力するわけです。たとえば、ある速度で巡航運転しているということは、クルマの走行抵抗に対してそれに釣り合った出力をエンジンが発揮しているわけです。あまり高速でなく、舗装された平坦路であれば、アクセルの踏み込み量、すなわちスロットル開度は小さめですみます。それが上り坂になったら、エンジンがより大きなエネルギーを供給しないと坂を上れません。これは以前より負荷が大きい状態です。実際にはアクセルをより踏み込むことになります。加速する場合も同じで、加速にはより大きなエネルギーが必要であり、やはりアクセルの踏み込み量を多くします。下り坂や減速では逆にアクセルを緩めます。このように、負荷とはスロットルの開度に置き換えられます。

◤熱効率の高い領域での運転を目指す

前項で通常表されているトルク曲線や燃料消費率曲線は全負荷、つまりアクセル全開での数値だといいましたが、実際に効率のよい、つまり燃費のよい負荷というのは全開にあるわけではありません。実際にエンジンが効率よく働くのは部分負荷、つまりハーフスロットルの状態です。それは、横軸に回転数、縦軸に負荷をとると、最も効率のよい回転数と負荷がある程度の面積で示すことができます。この範囲をスイートスポットなどと称したりしますが、エンジンはこの高効率域で運転すると燃費が向上します。

しかし、自動車は低速から高速まで、また加速したり減速したり平坦路の巡航運転など、運転状況は刻々と変化します。そこでトランスミッションの多段化やCVTの採用により、できるだけエンジンが高効率のところを使うための方策がとられているわけです。ハイブリッド車ではエンジン効率の悪い領域はモーターに任せ、エンジンはできるだけ効率のよいところで使うようにしています。それがハイブリッドシステムの利点であり、エンジンの高効率化はこれによりなされています。

スイートスポット

エンジンの回転数と負荷（トルク）から効率の高さをみると、等圧線のように表わされる。効率の高い領域はスイートスポットと称されるが、この領域でエンジンを使うと燃費がよい。このスイートスポットがより高く、より広いエンジンは燃焼効率面で優れている。

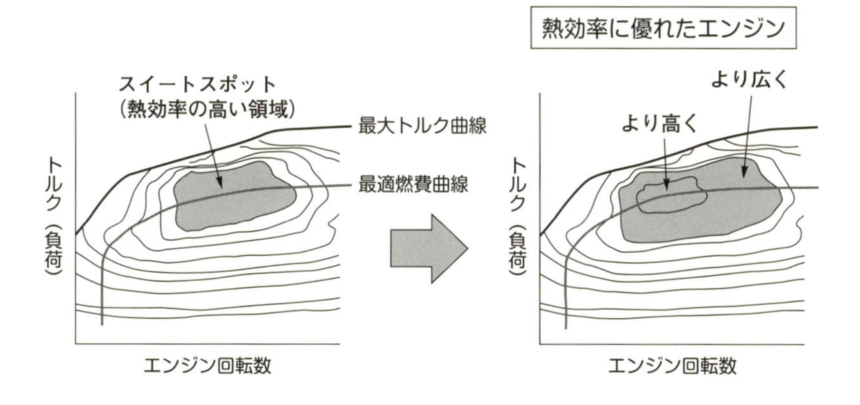

トランスミッションの多段化

できるだけエンジンのスイートスポットを使うためにはトランスミッションを多段化してその回転数に合うようにするのが有効である。

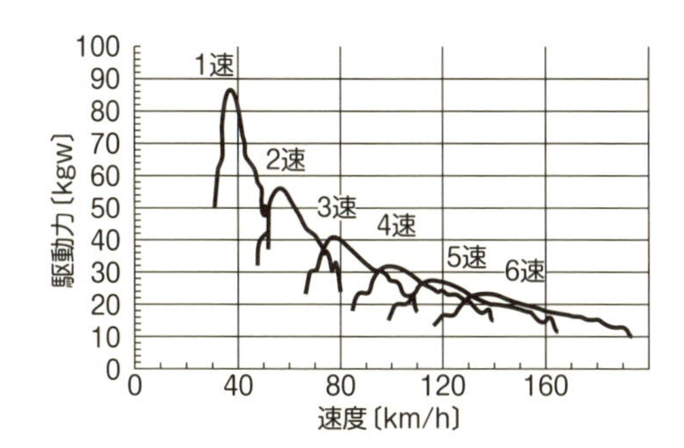

POINT
- ◎エンジンにとって効率のよい領域は部分負荷
- ◎スイートスポット領域で運転すると低燃費が期待できる
- ◎多段化はスムーズな変速以外にも燃費向上に有効

正常な燃焼を阻害するノッキング

エンジンに高温状態などが続くと、ノッキングが起きることがあるそうですが、ノッキングとはどういう現象で、どのようなダメージがあるのですか？

◩ノッキングが起こると出力は低下し、場合によっては重大な損傷も

内燃エンジンのノッキングは、広い意味では「異常燃焼」のことをいいます。ノッキングが起こると、エンジンから「コンコン」とか「カラカラ」とかの異音が発生します。出力も低下し、シリンダーやピストンにダメージを与えます。ひどい場合は異常な高温を発してピストンを溶かすなどの重大な損傷を与えます。これは「デトネーション」ともいわれるもので、点火プラグにより始まった燃焼の伝播を待たずに火炎の到達前に前方の未燃ガスが自己着火し、正常な火炎伝播と自然発火の火炎がぶつかり合って大きな圧力や異常な高温が発生するものです。自己着火の基本原因は熱と圧力が高まるからで、エンジン自体の加熱やヒートスポットができていたり、あるいは低いオクタン価のガソリンを使ったりなどがあげられます。ガソリンにはオクタン価というものがあり、いわゆるハイオクガソリンはオクタン価の高いガソリンで、アンチノック性が高いといいます。もう1つ「プレイグニッション」というのもあります。これは過早着火ともいわれ、点火プラグで点火する前に他の場所から自然発火し燃焼が始まってしまう現象です。

◩ノッキングは高圧縮比化を阻む要因の１つ

ディーゼルエンジンでは「ディーゼルノック」といわれるディーゼル特有のノッキングもあります。これは噴射した燃料と空気の混合が正常に進まず、その遅れが急激な爆発燃焼を引き起こし、その衝撃波によるノッキングです。正常な燃焼に伴う軽微なノッキングでしたらそう深刻ではありませんが、ひどい場合はやはりエンジンを損傷します。

ノッキングは圧縮比が高いほど発生しやすくなります。エンジンは圧縮比が高いほど出力は大きくなりますから、できるだけ高圧縮比にしたいのですが、それを阻むのがノッキングなのです。したがってぎりぎりノッキングが発生しない高めのところに圧縮比を設定します。過給エンジンでは同じ圧縮比でも圧縮圧が高いのでノッキングが発生しやすく、圧縮比の値を自然吸気エンジンよりも低く設定する必要があります。ただし筒内直接噴射エンジンでは空気だけが圧縮されるのと冷却効果があるので自己着火は起こりにくく、過給エンジンでも圧縮比を高めにとれます。

ノッキング

エンジンは圧縮比を高めると、それに比例して出力も高まる。そのため可能な限り圧縮比を高めたいが、それを阻むのがノッキング現象。圧縮比が高いほど点火プラグで点火する前にガソリンが燃焼するノッキングが起きやすくなるので、自然吸気のガソリンエンジンでは11前後、ディーゼルエンジンでは16〜18程度とされる。

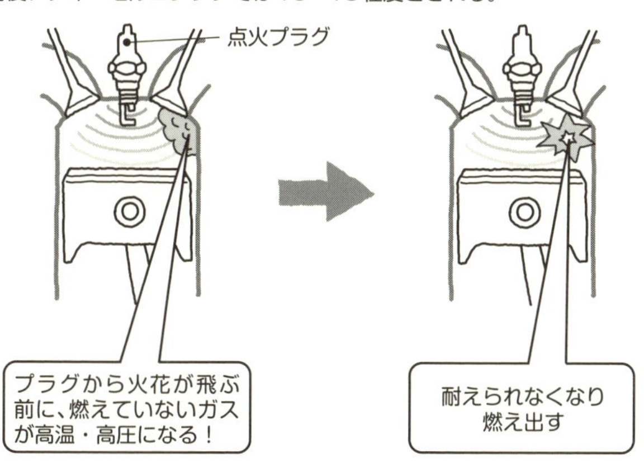

ノックセンサー

現在のエンジンはノックセンサーをシリンダーブロックへ取り付け、ノッキングの振動を検知すると点火時期を遅らせてノッキングを避けるようにしている。ノッキングは点火時期を早めると起きやすく遅らせると起きにくくなるからである。

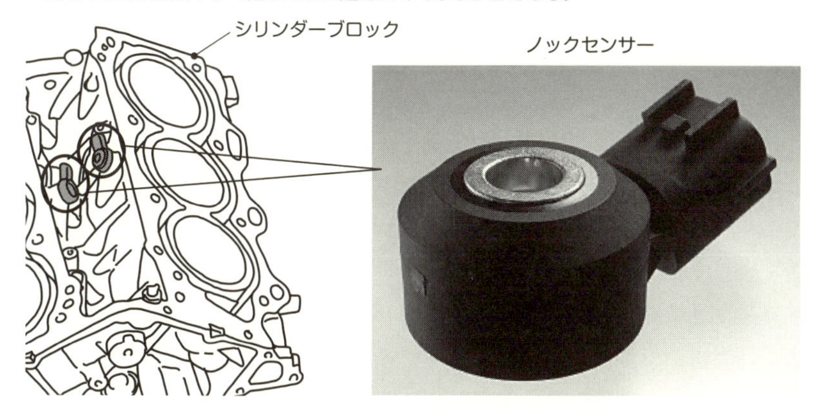

POINT

◎ノッキングは自己着火により正常な燃焼を妨げる
◎ディーゼルエンジンにもノッキングは起こる
◎過給エンジンは無過給エンジンよりもノッキングが発生しやすい

圧縮比と異常燃焼との関係、そして熱効率

エンジンの圧縮比を高めると出力はアップするもののノッキングなどの異常燃焼を誘発しかねないことはわかりました。その不具合を防ぐために、どのような対策を講じているのですか？

◩圧縮比は点火時期と並んでノッキングの大きな要素

圧縮比とはピストンが下死点にあるときのシリンダー容積と、上死点にあるときのシリンダー容積の比です。この比が大きいと燃料の投入量は同じでも圧縮圧は高くなり、大きな燃焼圧力が得られるようになります。ちなみにガソリンエンジンの熱効率は$\eta=1-1/\varepsilon k-1$とされています。圧縮比が大きくなるということは引数の分母が大きくなることで、ここでは1から引かれる数字が小さくなり、効率ηは大きくなるのがわかります。圧縮比は高いほうが効率はよいのですが、そこには制約があります。それは前項で述べたノッキングの発生です。ノッキングはいろいろな要素で発生しますが、点火時期と並んで圧縮比は大きな要素です。圧縮比が高いと点火時期の前に圧縮による温度上昇で自己着火して異音を発するばかりでなく、理想的な燃焼にならず本来のトルクが得られません。

◩ターボチャージャー付きのエンジンは圧縮比を低めに設定

圧縮比の定義からすると、圧縮比と圧縮圧は必ずしも比例関係にはありません。たとえば過給エンジンでは吸気をシリンダーに押し込んでいるので、同じ圧縮比でも圧縮圧は大きなものになります。逆に吸気バルブの早閉じや遅閉じをするミラーサイクルエンジンでは、取り込む吸気の量が少ないので、圧縮圧はあまり上がらないことになります。そのためターボチャージャー付きのエンジンでは、ノッキングを避けるために圧縮比を低めに設定するのが普通です。逆にミラーサイクルエンジンは、圧縮圧があまり上がらないのでノッキングに対して余裕があり、圧縮比は高めに設定します。ただ、直噴（筒内直接噴射）エンジンでは、吸入するのは空気だけで圧縮後に燃料を噴射するため、また噴射時の冷却効果もあってノッキングを起こしにくいことから、ポート噴射のエンジンより高めの圧縮比を設定できます。これも直噴のメリットになっています。

ディーゼルエンジンは基本的に直噴であり空気だけしか吸入しないので、圧縮比はガソリンエンジンより高めに設定できます。燃焼の開始は点火プラグでなく燃料の噴射のタイミングになります。ただし、過度に圧縮比を高めると燃焼時の瞬間的な圧力上昇が振動、騒音をもたらし、各部の強度確保や耐久性の悪化を招きます。

圧縮比

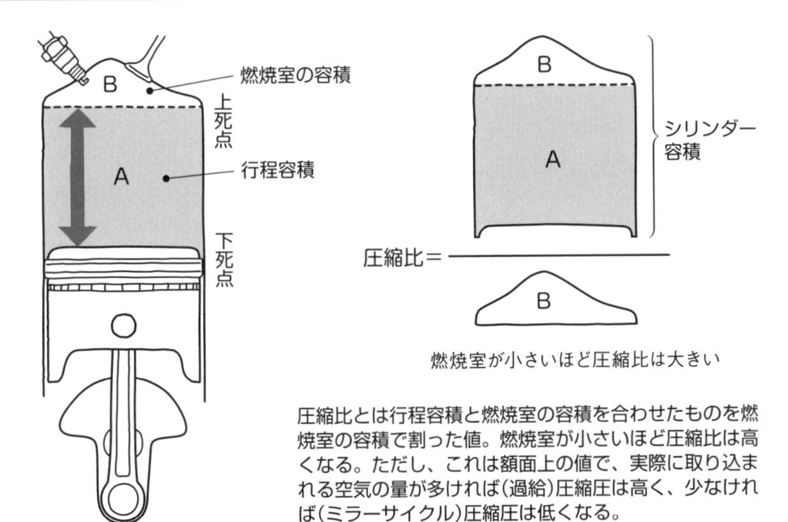

燃焼室が小さいほど圧縮比は大きい

圧縮比とは行程容積と燃焼室の容積を合わせたものを燃焼室の容積で割った値。燃焼室が小さいほど圧縮比は高くなる。ただし、これは額面上の値で、実際に取り込まれる空気の量が多ければ（過給）圧縮圧は高く、少なければ（ミラーサイクル）圧縮圧は低くなる。

ミラーサイクルの圧縮比

吸気バルブが遅閉じのミラーサイクルでは一度吸入した吸気を一部戻してから吸気バルブが閉まり、圧縮が始まる。見かけ上の行程より実際の行程は小さく、取り込まれる吸気も少ないので圧縮圧も低くなってしまう。そのためミラーサイクルでは見かけの圧縮比を高く設定する。

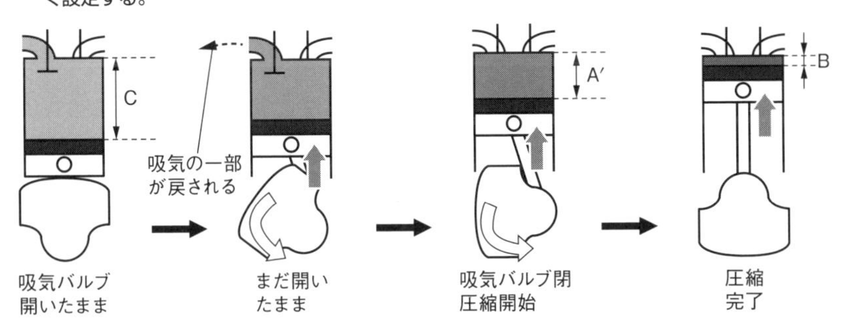

$$\text{圧縮比}\left(\frac{A'}{B}\right)<\text{膨張比}\left(\frac{C}{B}\right)$$

POINT

- ◎圧縮比は高いほうが効率はよいが、ノッキングを起こす恐れが生じる
- ◎圧縮比と圧縮圧は必ずしも比例関係にはない
- ◎ディーゼルエンジンは、ガソリンエンジンより圧縮比は高い

エネルギー密度と出力密度

エネルギー密度という言葉を最近耳にするようになりました。エネルギー密度は、電気自動車や燃料電池車とはどのような関係があるのでしょうか？

◩エネルギー密度が高い電池は、EVの航続距離を延ばす

エネルギー密度とは、一定の重さあるいは容積に対してどれほどのエネルギー量を持っているかを表す指標です。単位はWh/kgまたはWh/Lで表わします。電池や燃料について論じられる指標です。たとえば、小さいけれど蓄電容量が大きい電池はエネルギー密度が高い電池といいます。お風呂の中の水で考えるとわかりやすいでしょう。たとえば同じ重さ、大きさの湯船の中にどれだけ水を溜められるかで、そこから排出できる水の量が決まります。効率よく水が溜められない湯船では、排出される水も多くありません。エネルギー密度の大きい電池はたくさんのエネルギーを出してくれるので、EVは航続距離を長くできます。

エネルギー密度は燃料についても使われます。たとえば水素よりガソリンのほうがエネルギー密度は高い、というようにです。これは同じ重さの水素とガソリンを比べた場合、ガソリンのほうがより多くの仕事をするということです。したがって同じ航続距離を走るためには、水素燃料はガソリン燃料より多く積まなければならないわけで、その分クルマが重くなります。

一方、出力密度は同様に一定の重さまたは容積に対してどれだけの出力を発揮できるかを表す指標です。単位はkW/kgまたはkW/Lです。電池の例では、どれだけの電力を取り出せるかで、言い換えるとある電圧のもとで大電流を流せるかどうかになります。いくら蓄電容量が大きく（エネルギー密度が高く）ても、小さな電流しか取り出せないなら、大きなモーターでも大出力を発揮できません。

◩EVには出力密度の高いモーターが望まれる

出力密度はモーター自身についていう場合もあります。大きく重いモーターでも発揮できる出力が小さければ、出力密度が小さいモーターということになります。逆に小さく軽いモーターでも大きな出力を発揮できれば、出力密度が大きいモーターとなります。

クルマはできるだけ軽いほうが性能は高まるので、車両重量から考えるとEVやハイブリッド車の電池はエネルギー密度が高いほうがよく、またモーターも出力密度の高い、すなわち軽くて力持ちのモーターが望ましいわけです。

エネルギー密度

エネルギー密度はお風呂の中の水の量と同様の考え方ができる。同じ重さまたは大きさの容器に、どれだけエネルギーが溜まっているかで、これはバッテリーでいえば航続距離を左右する電力量になる。

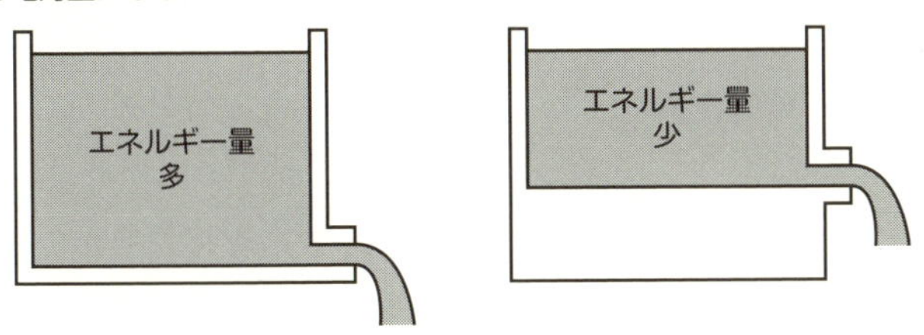

EVの基本構造

EVの航続距離を伸ばすためには、電池のエネルギー密度を高める必要がある。

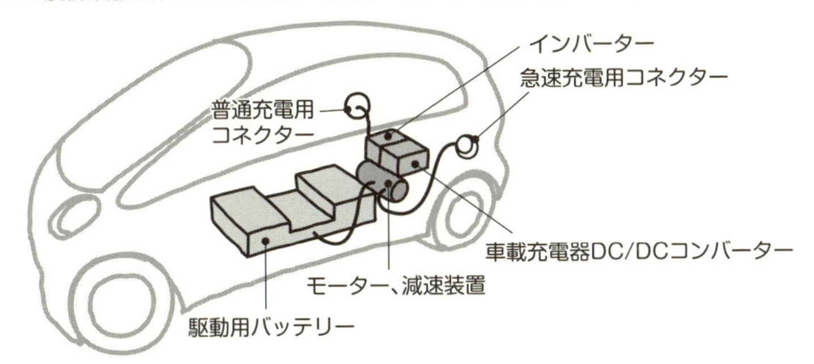

出力密度

出力密度はお風呂の水をどれほどの勢いで排出できるかということと同様の考え方ができる。同じ重さまたは大きさの容器から一気に排出できるかチョロチョロとしか排出できないかを表わす。これは大きな出力を発揮できるかどうかを左右する。

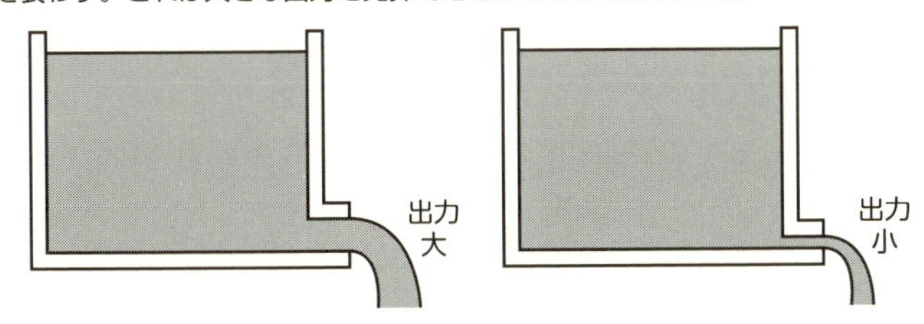

POINT

- ◎エネルギー密度は保持するエネルギー量の指標
- ◎出力密度はある条件下で発揮できる出力を表す指標
- ◎電池のエネルギー密度と出力密度の向上はEVの性能アップのカギ

タンク・ツー・ホイールとウェル・ツー・ホイール

環境問題への関心の高まりとともに、自動車分野でも走行時までではなく、燃料の採掘から走行までを視野に入れて考えるべきだという見方があります。どういうことでしょうか？

◩全工程で環境負荷を考える

「タンク・ツー・ホイール」のタンクとは燃料タンクのことで、ホイールは車輪のことです。通常クルマのエネルギー効率を語るときは、燃費が1リットルあたり30kmだったとかいい、それで燃費の良し悪しを判断します。このように燃料タンクから車輪までの効率についての考え方をタンク・ツー・ホイールといいます。排気ガスなどの環境負荷がどれほどかということについてもこの考え方が使われます。電気自動車の場合もある距離を走るのにバッテリーの電力量をどれだけ使ったかという「電費」で判断します。電気自動車のバッテリーは燃料タンクではありませんが、考え方としてタンク・ツー・ホイールの考え方をとるわけです。

これに対して「ウェル・ツー・ホイール」という考え方があります。ここでいう「ウェル」とは井戸のことです。それも石油の井戸「油井（ゆせい）」を指しています。これは燃料がクルマの燃料タンクの中に入るまでに、どれだけのエネルギーを投じてきたか、あるいは物質をどれくらい排出して環境に負荷を掛けているかを考慮した考え方です。石油を掘り、汲み上げ、輸送、精製して、ガソリンスタンド（SS）の貯蔵タンクに入れるまでいろいろな工程でエネルギーを使い、排出ガスなどで環境負荷を掛けています。このように、石油の採掘から最終的にクルマで使った燃料について、その効率や環境負荷を総合的に考えるものです。

したがってタンク・ツー・ホイールでいくら効率がよく排出ガスがきれいでも、その燃料がクルマのタンクに入るまでに多くのエネルギーを使っていたり、排出物を出したりして環境に負荷を掛けていたら、効率がよいとか環境に優しいとはいえなくなります。たとえば電気自動車は環境に優しく効率もよい、とされています。しかし、タンク・ツー・ホイールでなくウェル・ツー・ホイールの考え方に立てば、充電した電気がどこでどのように作られたが問題になります。発電した電力にどれほどのコストがかかっているのか、また、たとえば火力発電ではそこでCO_2をはじめどれほどの有害物質を排出しているか、原子力発電ではCO_2を出さないとはいえ、たいへん危険で有害な排出物を出しています。エネルギーの元までたどって考えることが大切です。

タンク・ツー・ホイールとウェル・ツー・ホイール

クルマの走行時に燃料タンクに入れた燃料についてのみ燃費や排気ガスを考えるのか、その前の石油を掘り出してタンクへ給油するまでの燃費（損失）や排出するガスの量をも考慮に入れるか、考え方の違いがある。

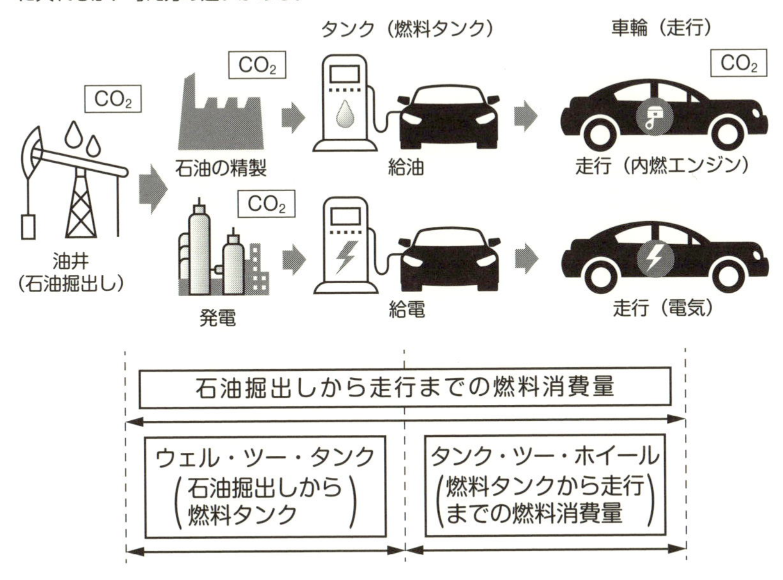

再生可能エネルギーの意義

将来のゼロエミッションの方向性を考えれば、再生可能エネルギーに行き着く。太陽光発電、風力発電を筆頭にさまざまな再生可能エネルギーの活用が考えられる。

POINT

◎タンク・ツー・ホイールは給油から走行までをとらえた考え方で、ウェル・ツー・ホイールは原油の採掘から精製、輸送などまでに至る全工程を俯瞰して環境に及ぼす影響をとらえる考え方である

COLUMN 2

ディーゼルエンジン車の明暗

ディーゼルエンジンはトルクがあり燃焼効率が優れている（低燃費）ことからトラックやバスなど産業用車両はもとより乗用車にも広く搭載されています。欧州ではかつて新規登録車の約4割がディーゼルエンジン搭載車だった時期がありました。それが独VW社による排気ガス制御システムのソフトウェア改竄を契機に、“ディーゼル車離れ”が進んでいます。環境問題への意識の高まりなどから需要が伸びたディーゼル車ですが、皮肉にもその環境性能が足を引っ張った格好です。

ディーゼル車はガソリン車と比べ、日本では燃料費が割安なうえ燃費も優れています。ということは“サイフ”にやさしくCO_2の排出量が少ないことを意味します。そればかりか、石油から燃料を精製する際、軽油はガソリンと比べるとCO_2の排出量は半分程度で済むそうです。ディーゼル車はタンク・ツー・ホイールだけでなくウェル・ツー・ホイールの面でも優れているといえます。

環境面に目を向けると、ガソリン車に有効な三元触媒が使えないためNOxの還元はネックでしたが、クリーンディーゼルエンジンはこの課題を克服したといわれています。かつてディーゼルエンジン車は騒音と振動がすごくて黒煙をもうもうと吐き出し、エンジンの回転域が狭いためきびきび走れないといわれていました。それがターボ化、トランスミッションの多段化、コモンレールシステムやNOxを削減する尿素SCR、DPFに代表される微粒子除去装置の開発など、一連の技術開発により以前のネガティブな印象は払拭されました。自動車耐久レースでディーゼルエンジン搭載車が優勝するなど、走りの面でも遜色はなくなっています。その反面、これらの装置を搭載したため、車両価格が割高になっていることは否めません。それでもある日系メーカーでは高価なNOx後処理装置を使わないでも環境規制をクリアするディーゼルエンジンを開発して、自社のラインアップに加えています。技術革新が以前のネガティブの要素を払拭したといえるでしょう。

第3章

レシプロエンジンの低燃費メカニズムと環境技術

Low-fuel consumption mechanism of reciprocating engine and environmental technology

4バルブ化のメリット

ひところは高性能エンジンの証として4バルブがもてはやされました。4バルブ化には高出力以外にも、たとえば低燃費化などにもメリットはあるのでしょうか？

内燃エンジンのバルブは通常ポペットバルブといわれる傘型のバルブが使われています。吸気用と排気用がありますが、吸気用バルブの径をより大きくするのが普通です。なぜかというと、エンジンはシリンダー内に取り込める空気の量で最大出力が決まります。そのためにはバルブ径を大きくしたほうが、開口面積が増えるので空気を取り込みやすくなります。アクセル全開でなく部分負荷時（パーシャルスロットル）でも開口面積が大きければ吸気抵抗が小さくできるので有利です。

◩大気圧で空気を押し込む

吸入行程では、ピストンが下がってシリンダー内は負圧になるため、バルブの開口部を通して空気（吸気）が吸引されます。このほうが考え方としては理解しやすいのですが、別の見方では気圧の低いシリンダー内に大気圧で押し込んでいることになります。地表付近の大気圧は1気圧（1013hPa：ヘクトパスカル）ですから、自ずと押し込む圧力には限界があります。この押し込む圧力を高めようというのがターボチャージャーなどによる過給です。

一方、排気バルブは燃焼後の排気ガスを排出する役目を持っています。ピストンを押し下げるという仕事をした後とはいえ、排気ガスはまだ大気圧を何倍も上回る圧力を持っています。もっともこれが排気損失になるわけですが、排気の場合は排気ガスが積極的に出て行くので、吸入よりも楽といえます。したがって吸気バルブの径が大きいほうが普通なのです。

◩現在の自動車用エンジンでは4バルブが一般的

このように吸気バルブはできるだけ径を大きくしたいのですが、燃焼室を形成するシリンダーヘッドの面積は限られており、排気効率との兼ね合いで限度があります。そこで限られた面積の中でバルブ開口面積をできるだけ大きくとる手段として、バルブの数を増やすことが有効になります。それが4バルブ化のメリットです。現在は自動車用エンジンでは4バルブが普通になりましたが、吸気バルブだけ2つにした3バルブや吸気バルブを3つにした5バルブといった例もありました。

なお、バルブの駆動には1本のカムシャフトからロッカーアームで吸排気を振り分けるSOHCと2本のカムシャフトを使うDOHCがあります。

4バルブと2バルブ

通常、バルブは吸気用と排気用が各1本あれば足りるが、限られたシリンダーヘッドの面積の中でバルブ開口面積を広くするには4バルブが有効な手段となる。

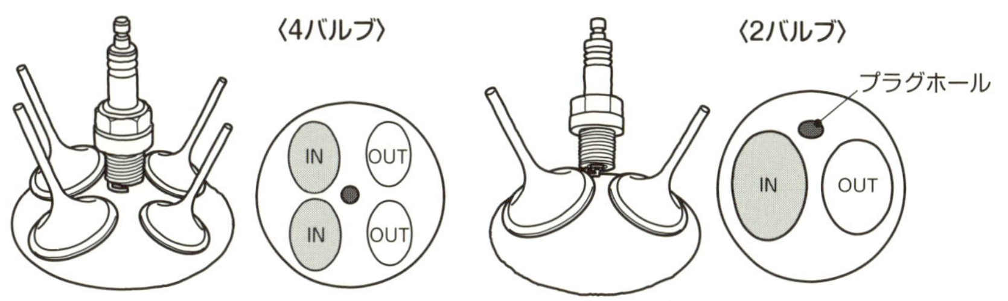

吸気バルブと排気バルブ

棒状の軸（ステム）の先端に傘状のバルブが付いているという形状は吸気バルブ、排気バルブとも同じだが、排気ガスの高温に耐えられるよう排気バルブのステムは吸気バルブよりも太くなっている。エンジンの高温化に対応するため、ステムを中空にして、その中に金属ナトリウムを封入して対処できるようにしたタイプもある。

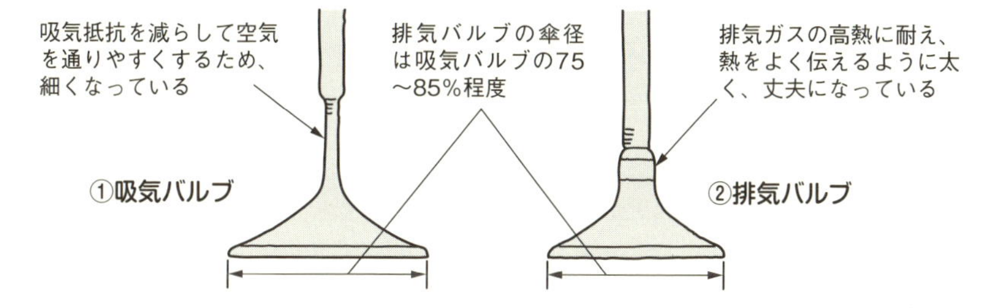

4バルブガソリンエンジンのシリンダーヘッド

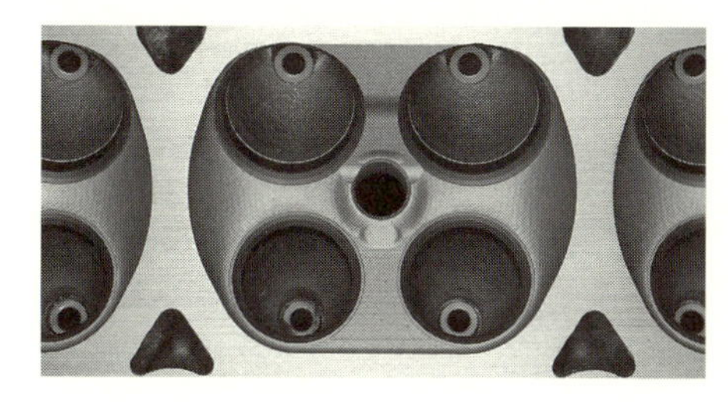

上の左右2つが吸気バルブが収まるインテークポートで、下の2つは排気バルブが収まるエキゾーストポート。高温高圧の排気ガスは排出されやすいので、吸気バルブよりも径は小さくなっている。中央の穴に点火プラグが収まる。4バルブは燃焼室の中央にプラグを置けるので、燃焼効率を高めることが可能。

POINT

◎内燃エンジンのバルブには吸気用と排気用がある
◎部分負荷時（パーシャルスロットル）でも開口面積が大きければ吸気抵抗を小さくできるので、多バルブ化は低燃費の面でもメリットがある

スワールとタンブル

燃料の燃焼を促進させるため、シリンダー内で燃料と吸気がよく混合するように渦を発生させているそうですが、その渦とはどのようなものでしょうか？

第2章1-1項でも解説しましたが、シリンダー内に取り込まれた吸気が円周方向に回るような横流れの渦をスワールといい、シリンダーに対して縦の流れの渦をタンブルといいます。このような渦を作ることでポート噴射でも筒内直接噴射でも、燃料と空気がよく混合され燃焼速度も向上し、よりよい燃焼が促進されます。その結果燃費の改善につながっています。また希薄燃焼の限界を高める効果もあります。

◩燃料と空気が均一に混ざるようにして燃焼改善を促進

直噴エンジンの場合は、特に燃焼開始の直前に燃料を噴射するため、シリンダー内に燃料濃度が高いところと低いところができやすいといえます。燃料が濃いところでは、燃料が燃え切らずに未燃焼ガスや粒子状物質が発生しますし、逆に薄いところでは燃料がよく燃える代わりに窒素酸化物が生じます。

希薄燃焼を狙ったエンジンでは、着火を促すために燃料が濃いめ（リッチ）のところを作るので、不完全燃焼になりがちです。そのためスワールやタンブルを使って噴射した燃料と空気が均一に混ざるようにして、燃焼の改善を促進しているわけです。リーンバーンではタンブルにより混合気に乱れ（タービュランス）が生じて、燃焼速度が向上することから、希薄燃焼の限界を高めることができます。ディーゼルエンジンは基本的に希薄燃焼の直噴ですから、スワールやタンブルで吸気の渦を作るのはたいへん有効です。

◩スワールを促すSCVやスワールピストン

スワールを作り出すのは、吸気ポートの形状を混合気が回り込むような形にすることで促していますが、スワールコントロールバルブ（SCV）というバルブを吸気ポートの途中に設ける場合もあります。これは吸気ポートの流れに差をつけて、吸気に円周方向の回転を与えるものです。4バルブエンジンでは、2つある吸気ポートのうちの片方にSCVを付け、このバルブを閉じることでスワールの回転する流れに力が増すようにしています。また、ピストン頂部の形状をスワールが発生しやすい形状にしたスワールピストンもあります。これはピストン頂部の中央部に窪みを設けたりしたもので、自己着火で燃焼するディーゼルエンジンにとっては、スワールは重要な役割を担っています。

スワール流とタンブル流

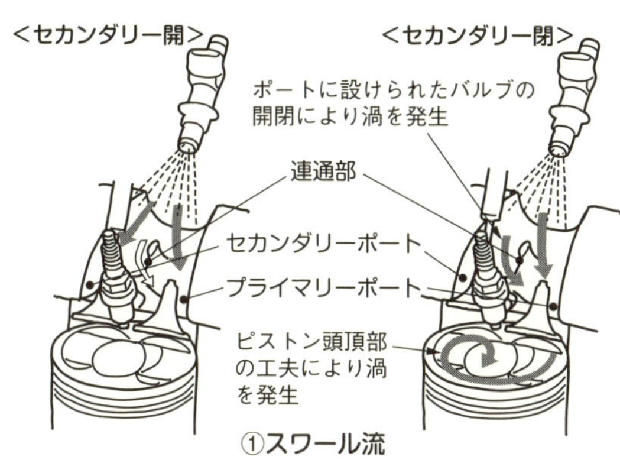

①スワール流

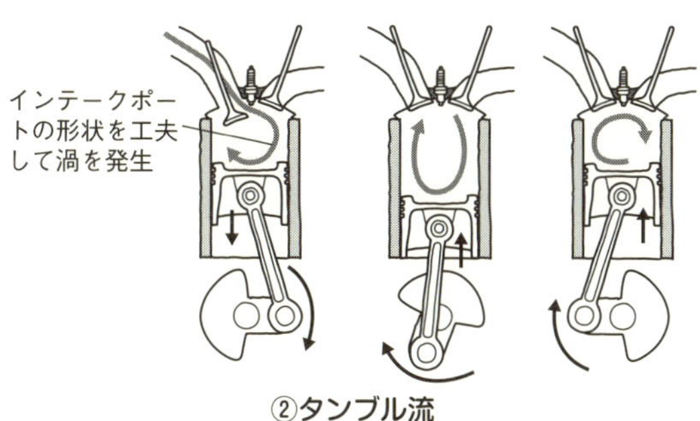

②タンブル流

シリンダー内に送り込まれた空気と燃料はよく混合されて濃度が均一になるほど燃焼速度が速くなり、燃費向上につながる。ことに希薄燃焼や直噴エンジンの場合は、燃焼室内の混合濃度は不均一なため、スワールとタンブルは未燃焼ガスやPMの発生などを抑えるうえで効果的である。

スワールコントロールバルブ(SCV)の構造図

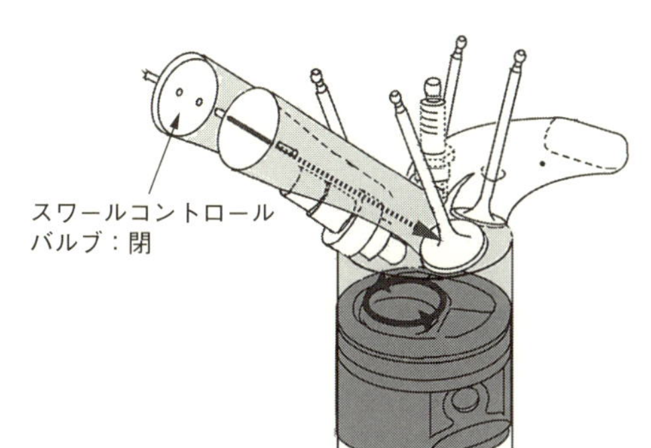

吸気ポートの形状を最適化することによりスワールを促すことができるが、吸気ポートの途中にSCVを設置することで、その動きはさらに促進される。このバルブを閉じることで、吸気に回転する力が加えられて回り込み流れが加速される。

POINT
◎スワールは横流れの渦で、タンブルは縦方向に流れる渦
◎燃費の改善や希薄燃焼の限界を高める効果も
◎ディーゼルエンジンには重要な技術

気筒配列と気筒数、エンジン性能

シリンダー配列と気筒数は、エンジンの性能や性格に大きな影響を及ぼすということですが、高出力を狙うのではなく、低燃費を進める際にも影響はあるのでしょうか？

◪エンジンレイアウトと1気筒あたりの適切な排気量

エンジンの気筒配列には直列、V型、水平対向といった配列があります。特殊な例ですがW型というのもあります。気筒数については2気筒、3気筒、4気筒、5気筒、6気筒、8気筒、12気筒などがあります。エンジンの振動はピストンの上下動に伴い発生し、クランクシャフトの回転数と同じ周波数の一次振動と2倍の二次振動、それに偶力（物体を回転させようとする力）による振動もあります。これに気筒の燃焼行程によるトルク変動の振動が加わります。このようにエンジンの振動は気筒配列と気筒数で複雑に変化します。バランスシャフトを設けて振動を相殺する手法もありますが、すべての振動を解消することはできません。V型ではバンクの狭角によってもバランスに違いが出ます。一般的には気筒数の多いほうが機械的バランスがとれるしトルク変動も少なくなり、振動は少なくなるといえます。

現在は1気筒あたりの排気量はガソリンエンジンで400～500cc、ディーゼルエンジンで500～600ccあたりが最適とされています。振動を抑えるためにレーシングエンジンのように高回転にすることで出力を稼ぐ場合、気筒あたりの容積を小さくして多気筒化することがあります。しかしそうするとフリクション損失と冷却損失が増えてしまい、低燃費を狙う実用エンジンには向きません。

気筒あたりの排気量は大きいほうが冷却損失は小さく、またフリクション損失も相対的に小さくなります。したがって同じ排気量でも単気筒のほうが2気筒より損失は小さくなります。しかし、気筒数が少なくなると振動の問題が出てきます。実はそれだけでなく、ピストンスピードという要素も加わります。ピストンスピードが高すぎると油膜切れなどを起こして潤滑が追いつかなくなります。このピストンスピードはピストン位置で変わりますが、平均スピードで論じられ、高くなりすぎないようエンジンは設計されています。絶対的なストロークが長いほどピストンスピードは高くなりますから、それを下げるにはストロークは短めのほうがいいのです。気筒が大きいとストロークも大きくなりますから、気筒数を増やして1気筒あたりの排気量を小さくするのが有効な手立てになります。しかし小さくしすぎると損失が増えます。こうした制約の中で最適な1気筒の大きさが決まってきます。

エンジンレイアウトと気筒数

最近では、摩擦損失や冷却損失を減らすことなどを狙って、小型自動車に2気筒や3気筒エンジンを搭載する例が見られる。軽自動車では3気筒エンジンは一般的になっている。

①直列3気筒

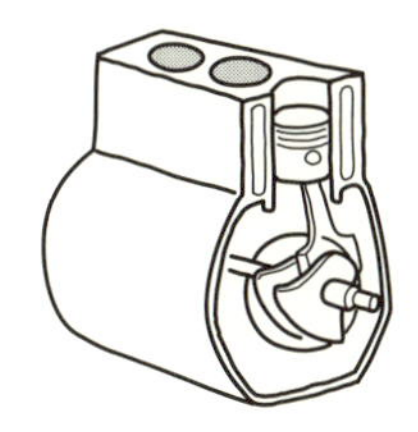

②直列4気筒

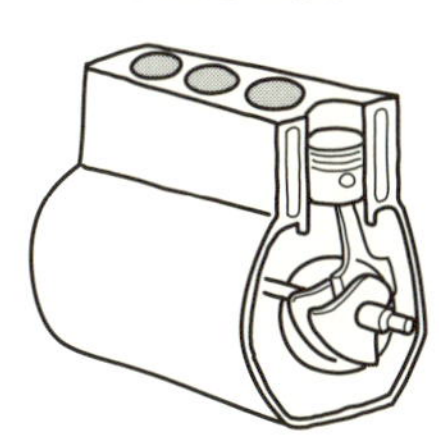

③直列6気筒

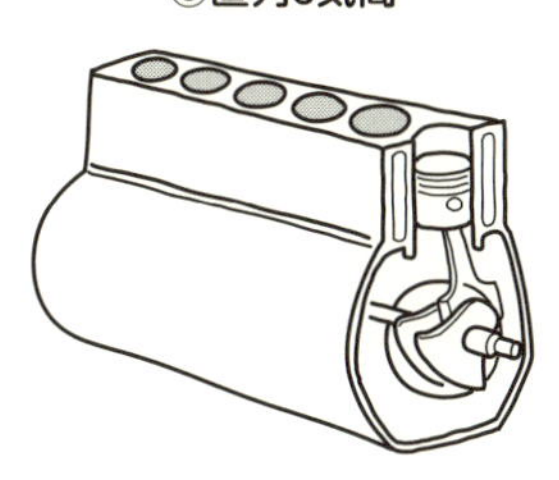

④V型6気筒

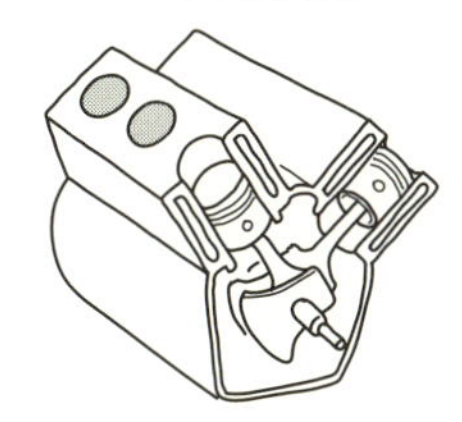

⑤V型8気筒

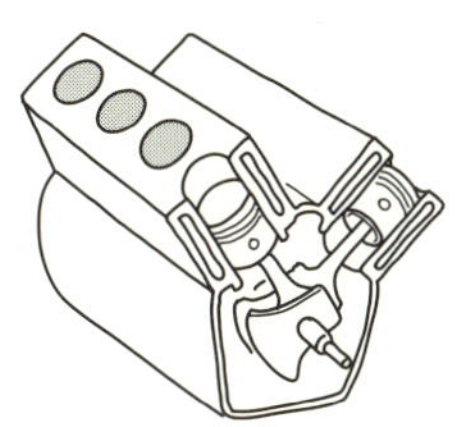

⑥水平対向6気筒

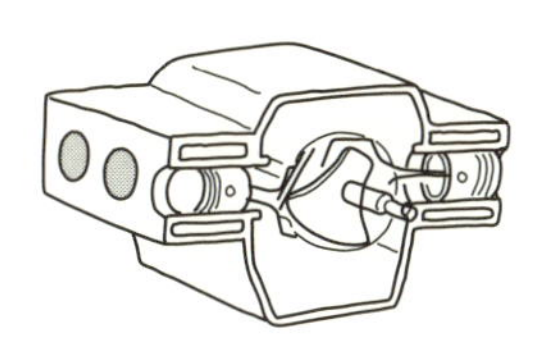

バランスシャフト

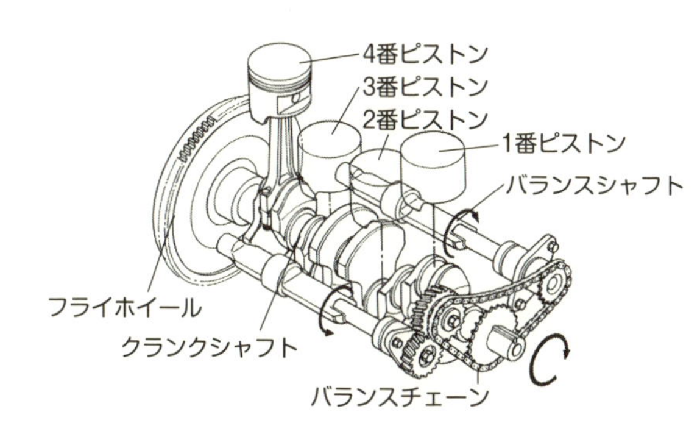

ピストンが上下運動するレシプロエンジンでは振動の発生は避けられない。広く普及している直列4気筒もその例に漏れない。クランクシャフトと逆回転するバランスシャフトを搭載すれば、振動は軽減できる。

POINT

◎気筒配列と気筒数で振動のレベルは決まる
◎気筒あたりの排気量が小さいエンジンはフリクション損失と冷却損失が大きい
◎振動とピストンスピードが排気量を決める大きな要素

バルブタイミングとは

吸気バルブから空気や混合気を取り込み、排気バルブから燃焼ガスを排出することで馬力を生み出しています。そのバルブを開閉するタイミングはどうやって決めているのですか？

◩上死点で開き、下死点で閉じればいいわけではない

バルブタイミングとはどの時点でバルブを開き、どの時点でバルブを閉じるかというバルブの開閉時期のことです。エンジンにとってたいへん重要な要素で、特に吸気バルブの開閉タイミングは、エンジンの性能や性格に大きく影響します。もしエンジンがごくゆっくりと回転するなら、吸気バルブは上死点で開き、下死点で閉じればよいといえます。しかし、実際のエンジンはかなりの高速で回転します。吸気はあるスピードで吸気ポートを流れ、バルブ開口部からシリンダー内に入ります。吸気は気体ですが、気体にも慣性力がありますから、吸気バルブは上死点で開き下死点で閉じればよいわけではなくなります。

ピストンが上昇している上死点前にバルブを開いても、慣性力により勢いのついた吸気はシリンダー内に入ってきます。また、下死点を過ぎてピストンが上がり始めても勢いのついた吸気は入ってきます。結果的にバルブの開いている時間は長くなります。このように早くバルブを開き、遅くバルブを閉じたほうがより多くの吸気をシリンダー内に取り込めます。言い方を変えると吸気効率が高いといえます。

◩回転数に応じた最適なバルブタイミングは１つだけ

吸気の流速は回転数にある程度比例して速くなりますから、その慣性力も回転数により変化します。つまり最適なバルブタイミングは回転数で異なるのです。したがってある回転数において最適なバルブタイミングは1つといえます。

バルブの開閉タイミングはカムシャフトのカムプロフィール（カムの形状）により決まります。開閉タイミングが変化しないエンジンでは、よく使う回転数付近で最大吸気効率になるような開閉タイミングを設定します。そのため低い回転数や高い回転数では吸気効率は落ちますが、やむなく妥協しているといえます。そのため、このバルブタイミングを回転数により変化させようというのが、次項の可変バルブタイミング機構です。なお、排気バルブの開閉タイミングも回転数に依存するので理想的な開閉時期はありますが、吸気の場合と違って圧力の高い排気は自らシリンダーから出て行こうとするので、吸気ほどシビアではありません。そのため、コストの面から吸気だけ可変バルブタイミング機構を装備する場合が多いのです。

バルブタイミングダイヤグラム

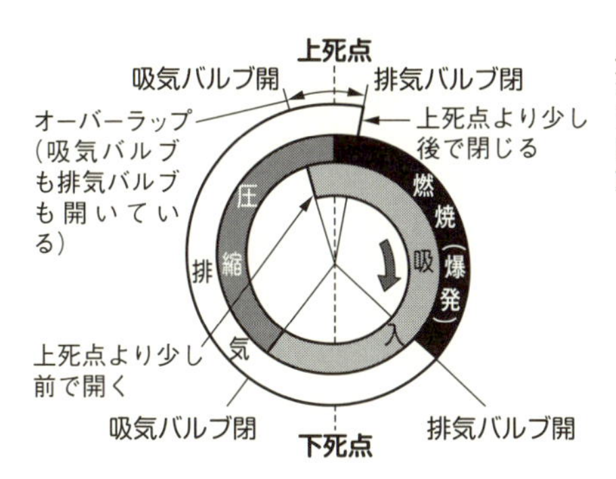

上死点の手前で吸気バルブを開いて、下死点を過ぎてから吸気バルブを閉じる。このように吸気バルブを早く開いて遅く閉じるほど多くの吸気をシリンダー内に取り込むことができる。

吸気バルブを早く開く意義

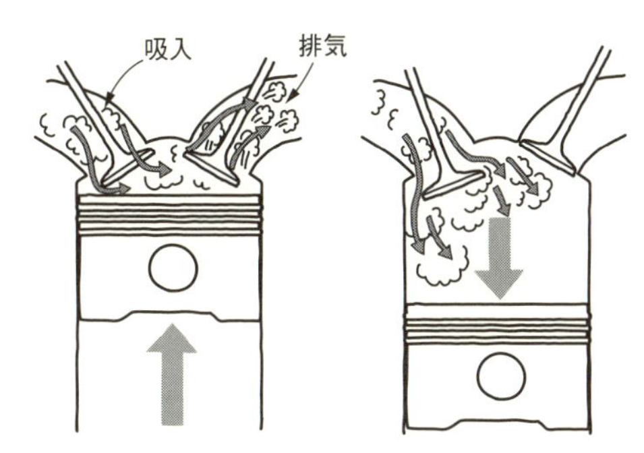

気体には慣性力があり、エンジンが高回転になるに従い慣性力は強まる。そのためピストンが上昇している最中の上死点の前に吸気バルブを開いても勢いのついた吸気はシリンダーの中に入り込み、下死点を過ぎた後でも同様に送り込まれる。高速回転ほど吸気バルブを早く開けて、遅く閉じたほうが吸気効率は高まる。

高回転時と低回転時の最適なバルブタイミング

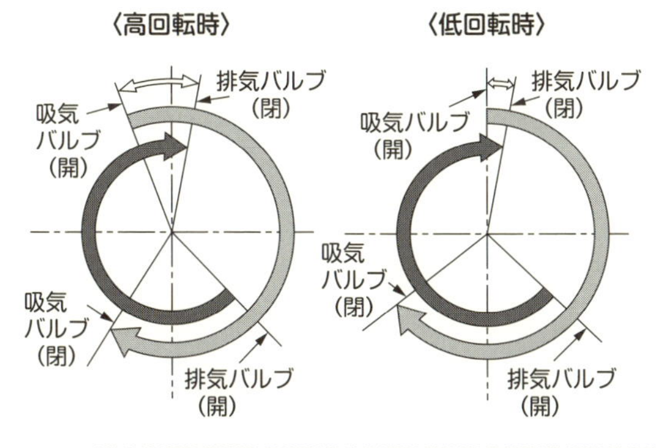

気体の慣性力はエンジンの回転数に応じて変化するため、最適なバルブタイミングもエンジンの回転数により異なっている。当然ながら、高回転域と低回転域ではバルブタイミングの最適時期は違っている。

POINT
◎回転数で吸気の流速が決まり慣性力の大きさも決まる
◎吸気に慣性力があるため吸気バルブは早めに開け遅めに閉じる
◎開閉タイミングが固定では吸気効率は妥協せざるをえない

可変バルブタイミングとは

通常、同期している動いているクランクシャフトとカムシャフトの回転を、どうやってバルブタイミングを早めたり、遅らせたりしているのですか？

最適なバルブタイミングは回転数により変化しますから、回転数に応じて開閉タイミングも変えようという機構が可変バルブタイミング機構です。通常、回転数に応じてカムシャフトをひねることで進角を変える方法がとられています。

◩可変バルブタイミングはカムシャフトにひねりを加える機構

通常カムシャフトはクランクシャフトからチェーンやコグドベルト（歯付きベルト）でつないで駆動させています。両者を位置決めしてチェーンやベルトを掛けると、クランクシャフトの角度に対するカムシャフトの角度も決まってしまいます。しかし、チェーンの掛かるスプロケットとカムシャフトを直付けとせず、間にひねりを付ける機構を設ければ、カムシャフトは進角を変えることができるようになります。この主な方法に油圧式と電動式がありますが、主流は油圧式です。

油圧ベーン式といわれる機構では、油圧室を持ったハウジングとベーンで構成されています。ハウジングはタイミングチェーンとつながっており、ベーンはカムシャフトとつながっています。ここで、ハウジングとベーンの間にはある角度の可動幅があります。この可動幅を油圧室に送るオイルの量により調節するようになっています。したがってカムシャフトの進角を全体的に早めたり遅らせたりできるわけです。これにより高速回転になるに従い吸気バルブの開くタイミングを早めて、吸気効率を高めることができるわけです。ただし、実際には吸気バルブの閉じる時期は高回転域では遅らせたいのですが、これでは早まってしまします。それでもバルブタイミングとしては開き始めのほうが重要なので、可変バルブタイミング機構は有効なのです。

◩電動式可変機構は応答性がよく作用角が広くとれる

電動の可変機構はモーターと減速機構を組み合わせたものが普通で、作用角を広くとれること、低回転や低温でも作動し、応答性がよいことなどの利点がありますが、大きくなりがちで価格も高いという欠点もあり、すぐに油圧式に変わるという状況にはないようです。なお、この可変バルブタイミング機構の呼称はVVT、VTC、V-TS、AVCS等々、内外ともメーカーによりバラバラで、統一されていないためわかりにくいのが実情です。

可変バルブタイミング機構

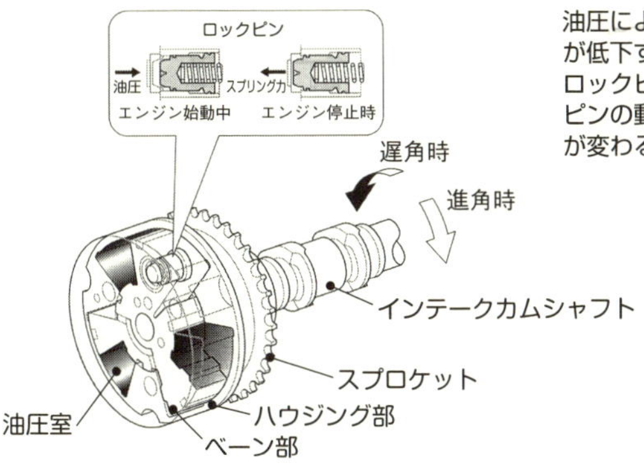

油圧によってロックピンが押され、油圧が低下するとスプリングの働きによってロックピンは押し戻される。このロックピンの動きによってカムシャフトの進角が変わる。

VVTの機構図

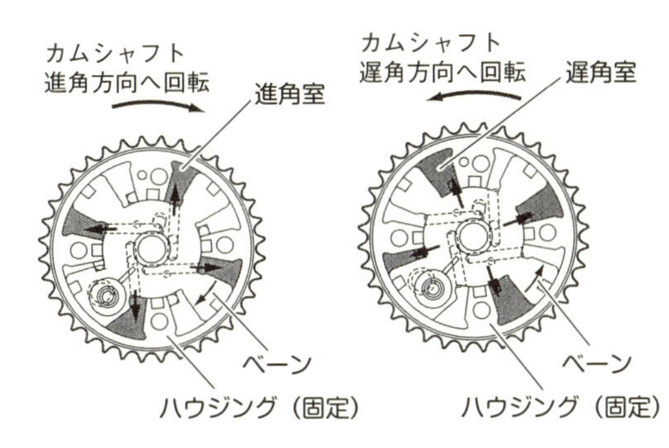

ベーンの作動によりカムシャフトは進角して、高回転型に移行(左図)。油量を変えることでカムシャフトを遅角させて低回転にも対応できるようにする(右図)。

電動式可変バルブタイミング機構

油圧式はハウジングとベーンで構成されているが、電動式はモーターと減速機構によりバルブタイミングを制御している。

POINT
◎カムシャフトにねじる機構を付けたのが可変バルブタイミング
◎ハウジングの油圧室のオイルを出し入れしてベーンを動かしてねじる
◎電動式はモーターでカムシャフトをねじる

切り替え式の可変バルブタイミング(リフト)とは

バルブの開閉時期を意図的に変えることはわかりましたが、バルブを早く開いても早く閉じたのでは、期待するほど効果は得られないのではないでしょうか？

◩低速用と高速用のロッカーアームを油圧で切り替える

回転数の変化に合わせてカムシャフトの進角を調節して広い範囲で効率のよいバルブタイミングを得ようとするのが、可変バルブタイミング機構です。しかし、先に述べたようにバルブ開のタイミングが早まってもバルブ閉も早まってしまうので、これで万全というわけではありません。そこで考えだされたのが1本のカムシャフトに高速用のカムと低速用のカムの2種類を装備し、回転数や負荷によりそれを切り替える方式です。最も有名なのがホンダの「VTEC」といわれる機構です。

基本構造はカムが直接バルブを押し下げる直動式ではなく、カムとバルブの間にロッカーアームを介在させます。このロッカーアームは3本あり、左右が低速用、真ん中が高速用になっています。2本のバルブは低速用の2つのロッカーアームの下にあります。低速域では3つのロッカーアームはそれぞれ独立しており、左右のロッカーアームは低速用カムの動きをバルブに伝えます。真ん中のロッカーアームは高速カム用カムの動きに合わせて動きますが、その動きを伝えるべきバルブがないのでカラ打ちの状態です。回転数が上がって高速域に入ると高速カムに切り替えられます。独立していた3つのロッカーアームは油圧によりピンが差し込まれ、一体化します。すると低速カムよりもリフトも高く、開度も広い高速カムの動きが左右のロッカーアームを通じて2本のバルブに伝わるようになります。

◩トルク曲線は低速域と高速域に2つの山を持つ

通常のエンジンのトルク曲線は山型になりますが、VTECエンジンのトルク曲線は低速側と高速側に山が2つ並んだ形になります。通常では高速型のエンジンは低速域ではトルクは足らず、逆に低速型のエンジンでは高速域でトルクが不足して高回転域が弱いエンジンとなりがちです。VTECのような切り替え式のバルブタイミング機構を持ったエンジンでは、広い回転域で大きなトルクを得ることができるわけです。1889年に登場したVTECはその後いろいろ進化拡大し、現在はインテリジェントを表すiがついて「i-VTEC」となっています。これはVTECの機構に加え、吸気バルブタイミングの位相も連続的に制御するVTC（バリアブルタイミングコントロール）を組み合わせた高知能可変バルブタイミング・リフト機構です。

VTECの構造

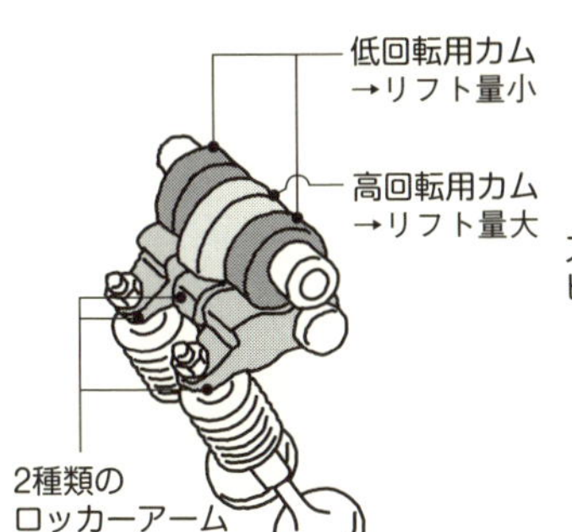

①低回転時

油圧ライン

スライド
ピン

油圧ラインに圧力がかかっていない状態では、3本のロッカーアームが自由に動けるため高回転用カムの影響を受けず、2本のバルブは低回転用カムにより開閉される。

②高回転時

油圧ライン

スライド
ピンが
圧力で押
される

高回転になると油圧ラインに圧力が発生、スライドピンが動いてロッカーアームを一体化させる。バルブはリフト量の大きな高回転用カムの影響を受けて開閉する。

VTECのカム切り換え図

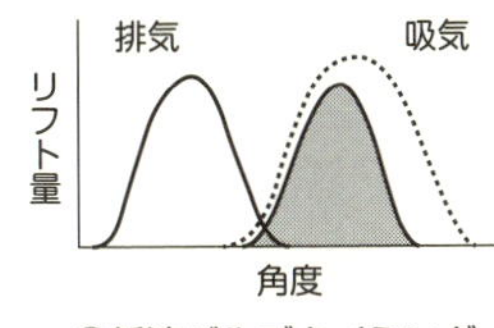

①低速バルブタイミング

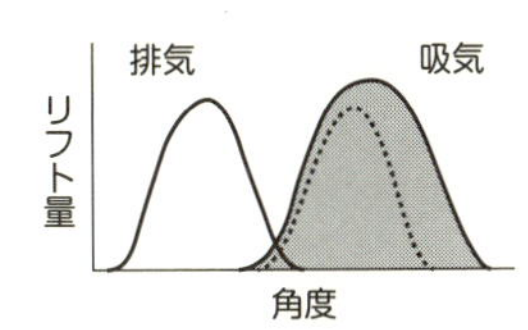

②高速バルブタイミング

低速域から高速域に移り変わると、高回転用カムに切り替わり吸気の角度が増加する。これにより混合気の吸気量が増え、出力は高くなる。

VTECエンジンの性能曲線

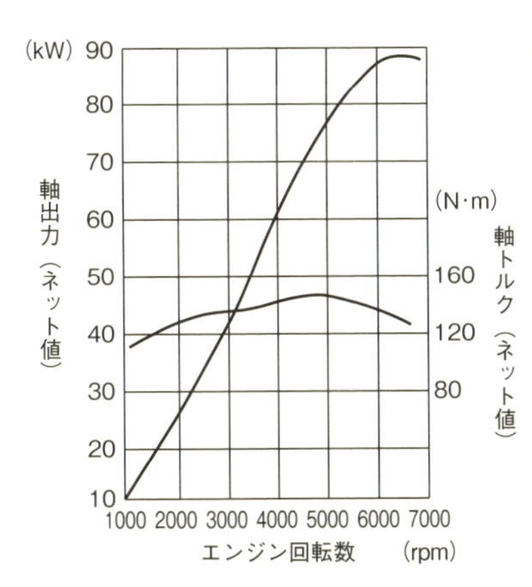

出力は6000回転超をピークに右肩上がりに上昇するいわゆるピーキー型に近い形だが、トルクは2500回転付近と5000回転付近にピークがありなだらかな丘状で、幅広い領域でトルクが発生していることがわかる。

POINT

◎1本のカムシャフトに低速用と高速用の2種のカム山を持つ
◎ロッカーアームも低速用と高速用があり油圧で切り替える
◎トルクの山が2つあり広い回転域で大きなトルクを出す

連続可変バルブリフトとは

バルブのリフトを連続して変化させる連続可変バルブリフトは、どのような構造なのでしょうか？　切り替え式とは構造は異なるのでしょうか？

◪切り替えでなくバルブのリフト量を連続で変える

前項で説明した低速用と高速用の2種のカムを切り替えて使うVTECのような機構は、バルブタイミングだけでなく、バルブリフトも切り替えられるものです。高速回転では吸気の流量も多くなりますから、バルブリフトも高いほうがよいので、2種類のカムプロフィールを使い分ける意義は大きいといえます。これから説明する可変バルブリフトは「連続可変バルブリフト」で、切り替え式とはまた異なった機構を持っています。

まずその構造を説明しましょう。バルブのリフト量は、基本的にはカム山の高さで決まります。直動式でなく、ロッカーアームを介してバルブを動かす方式ではアームのレバー比も関係しますが、カム山の高さが決まれば低速運転でも高速運転でもバルブのリフト量は変わりません。これを回転数や負荷により運転中にバルブのリフト量を変える機構が連続可変バルブリフトです。

◪カムとバルブの間に介在する可動の中間レバーがリフト量を変える

連続可変バルブリフトの基本的な構造は、カムとバルブの間にパーツが介在することにあります。この介在するパーツ、中間レバーは片側だけに支点のある片持ちのレバー（カンチレバー）で、モーターによりその支点の位置関係が変化します。それによりカムと中間レバーの位置関係も変化するのでレバー比が変わり、その結果レバーが押すバルブのリフト量が変化するわけです。最低ではバルブリフトがゼロになります。なお、この機構では必ず可変バルブタイミングも併用します。

最も早く実用化したのはBMWで「バルブトロニック」と命名しました。それに刺激を受け他の自動車メーカーも新しいアイデアの連続可変バルブリフトを製品化しました。たとえばトヨタは「バルブマチック」、日産は「VVEL（ブイベル）」などです。カムとバルブの間に介在するものを入れるという基本的な考え方は同様ですが、BMWが大きなエンジンから小さなエンジンまでほとんどのエンジンにバルブトロニックを採用しているのに対し、他メーカーのエンジンではコストが高くなることから、採用例は限られています。なお、これらとは全く発想の異なった「油圧駆動」のフィアットの「マルチエア」と呼ぶ機構もあります。

バルブトロニックの構造図

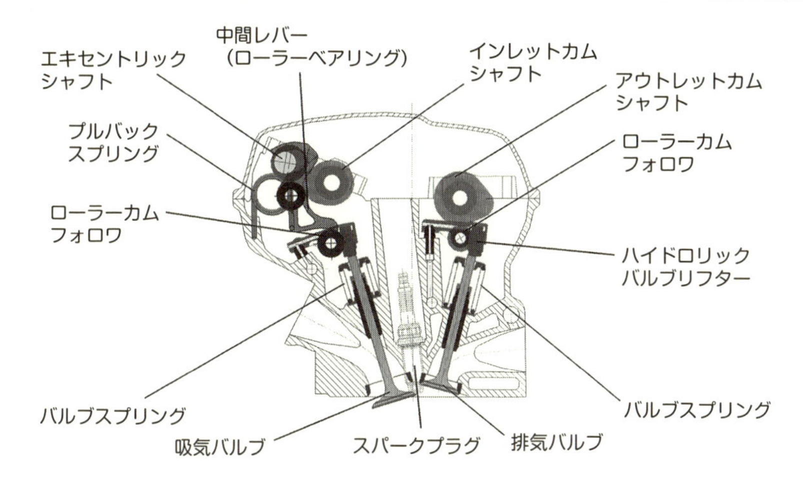

バルブトロニックの作動図

低回転領域(左)では、バルブのリフト量は少ないが、高回転領域(右)ではレバーに押し下げられてリフト量は多くなっている。

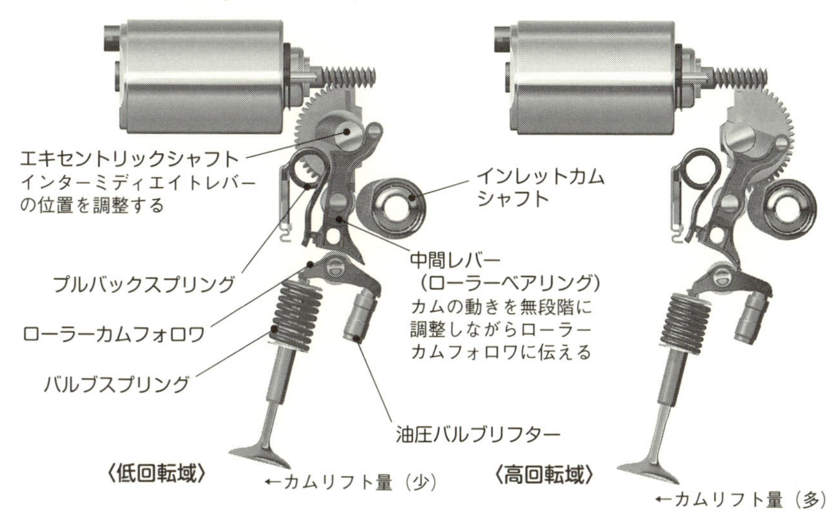

POINT

◎カム山はひとつだが、バルブを押す量を連続して変化させる
◎カムとバルブの間の中間レバーの位置変化をリフトに反映
◎熟成されたBMWのバルブトロニック以外にも各種の方式がある

連続可変バルブリフトの持つ大いなる意義

連続可変バルブリフトではスロットルバルブでなく、バルブのリフト量を変化させることで出力の調節ができるということですが、その意味するところはどういうことですか？

◩スロットルバルブを絞った状態では大きいポンピング損失

ポンピング損失（ロス）については第2章1–4項で説明しましたが、連続可変バルブリフトを使う最大の理由は、このポンピングロスを大幅に減らすことにあります。それはポンピングロス発生の大きな原因を占めるスロットルバルブを廃することができるからです。

普通のエンジンは、スロットルバルブの開閉でエンジンの出力をコントロールしています。負荷が小さく出力をあまり要しないときはスロットル開度を小さく、加速時や上り坂ではスロットル開度を大きくします。スロットルバルブが大きく開いているときにはポンピングロスはあまり発生しません。しかし、アイドリング状態や低負荷ではスロットルバルブの開度が小さく、吸気は絞られます。注射器で液を吸引するのに力がいるのと同様、ここでポンピングロスが生じます。

◩傘バルブで絞ったときの負圧は後で返してもらえる

連続可変バルブリフトの場合は、このスロットル調節にあたる仕事をシリンダーヘッドの傘バルブで行います。小さな出力しか要しない状況ではバルブリフトを少なくし、大きな出力が必要な状況ではバルブリフトを大きくします。連続可変ですから、無段階に自由に調節できます。これによりスロットルバルブを使用しなくても自在に出力調整ができるわけです。しかし、スロットルでは絞らなくてもバルブで絞るのだから、同じようにポンピングロスが生ずるのでは？という疑問が出てきそうです。しかし、実際には傘バルブで絞るのと、スロットルバルブで絞るのとでは意味は違います。

確かにバルブで絞った場合も吸気行程で抵抗が発生し力を要します。しかし、バルブで大きく絞られたシリンダー内は負圧になっています。次の圧縮行程でピストンが上昇するとき、この負圧はピストンを引き上げるように働きます。使った力を返してもらえるわけです。吸気管途中のスロットルバルブでの絞りではこうはいきません。吸気管内の負圧はピストンを引き上げるのに寄与しませんから、ロスするだけです。なお、連続可変バルブリフトのエンジンも、バキュームを得る目的でスロットルバルブはたいてい残しています。

スロットルバルブ

スロットルバルブはエアクリーナーと吸気ポートの間にある空気の流入を調整する弁。スロットルバルブが閉じていると空気の流れは阻害されて吸気は絞られ、それとともに出力は抑えられる。一方、スロットルバルブが開かれると吸気量が増えて出力も高まる。スロットルバルブの角度を変えることで出力を制御できる。

スロットル調整を担うバルブの動き

低回転低負荷領域ではバルブリフト(バルブの押し上げ)が少ないことから、空気を吸入しづらくシリンダー内は負圧となりロスが発生しているように見えるが、次の圧縮行程ではその動きがピストンを引き上げる力として働くため、ロスは相殺される。

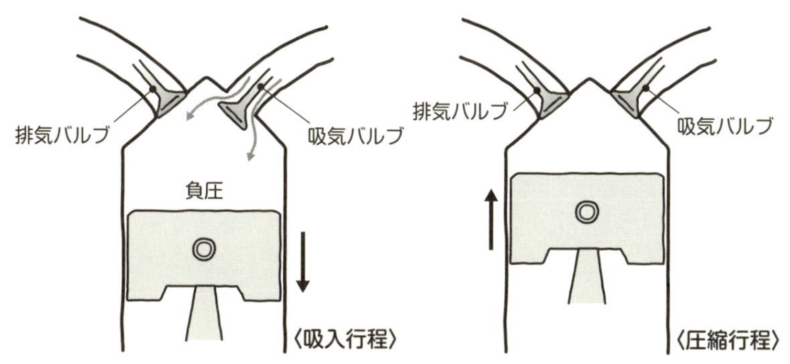

POINT
◎連続可変バルブリフトとでは吸気バルブで出力調節をする
◎吸気行程のマイナス力は圧縮行程でプラスに働く
◎連続可変バルブリフトはスロットル損失をなくせる

アトキンソンサイクルとは

4ストロークのガソリンエンジンは、圧縮行程と膨張行程の長さは同じです。アトキンソンサイクルは圧縮行程より膨張行程のほうが長いということですが、そのメリットは？

◩普通のエンジンは圧縮行程と膨張行程の長さは同じ

4ストロークのガソリンエンジンは、一般に「オットーサイクル」という熱サイクルで動いているとされています。これは吸気をピストンの上昇で圧縮し、上死点（最も高い位置）で瞬間的に熱の授受が行われ、膨張しながらピストンを押し下げ、下死点（最も低い位置）で瞬間的に熱を捨てるという理論のサイクルです。この理論はドイツ人のニコラス・オットーによるもので、その名を冠してオットーサイクルといわれています。実際には「瞬間的に」ということはあり得ず、PV線図は角張ったものではなく角を丸めたものになっているといわれています。しかし、ガソリンエンジンの作動の基本的な考え方を示す理論として有名です。オットーサイクルでは上死点と下死点の間をピストンが2往復して、1つのサイクルを完結しています。なお、ディーゼルエンジンについては、これとは異なる「ディーゼルサイクル」という理論があります。

◩圧縮行程より膨張行程のほうを長くすると熱効率が上がる

オットーサイクルに従うと、圧縮行程と膨張行程は同一の長さで、圧縮比と膨張比は等しくなっています。燃焼ガスの圧力や温度は、圧縮行程の開始時期より、膨張行程の最終時期のほうがいずれも高くなっていますが、両行程は長さが同一なため、エネルギーは廃熱として捨てられています。

そこでこのエネルギーを取り込むために、膨張行程に可変ストローク機構を取り入れ、膨張行程を圧縮行程よりも長くなるようにしたのが「アトキンソンサイクル」です。行程の長さが違うので、圧縮比よりも膨張比を大きく設定できます。こうすることのメリットは、発生した熱エネルギーをより多く運動エネルギーに変換できるようになるので、熱効率の向上が図れるようになることです。

この理論はジェームズ・アトキンソンにより提唱されたことから、その名が付けられて呼ばれるようになりました。しかし、実際には4ストロークのうち圧縮行程と膨張行程の長さを変えるというのは複雑な機構を必要とします。ホンダでは汎用エンジンとして実用化していますが、複雑さゆえに重く、大きめになりがちで、自動車用には不向きなのが実情です。

ガソリンエンジンのPV線図

シリンダー内の圧力(P)とピストンの動きに伴いシリンダー内の容積(V)の変化の様子を表わすのがPV線図。吸入から始まり、断熱圧縮、燃焼、断熱膨張、放熱、排気を経て、行程が完了し、初めの吸入に戻る。アトキンソンサイクルでは、放熱の前後に膨張終了と圧縮開始があることがオットーサイクルの行程とは異なる。

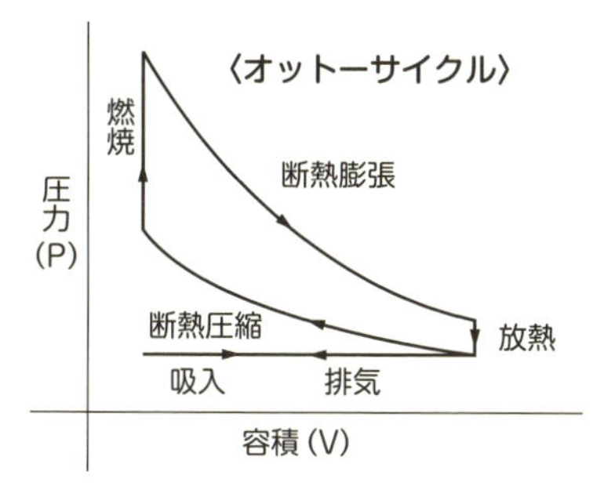

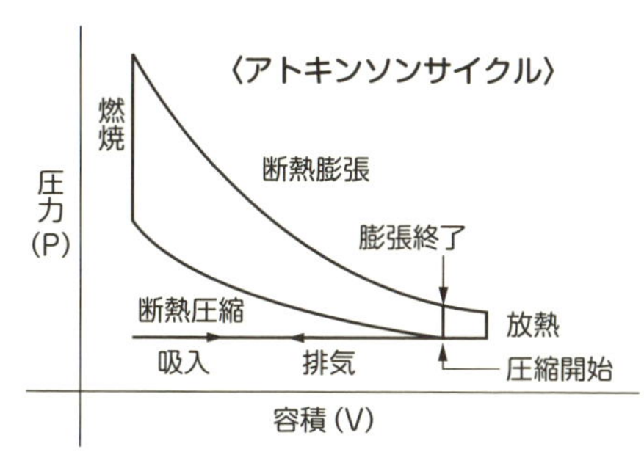

トヨタアトキンソンサイクルエンジンの行程図

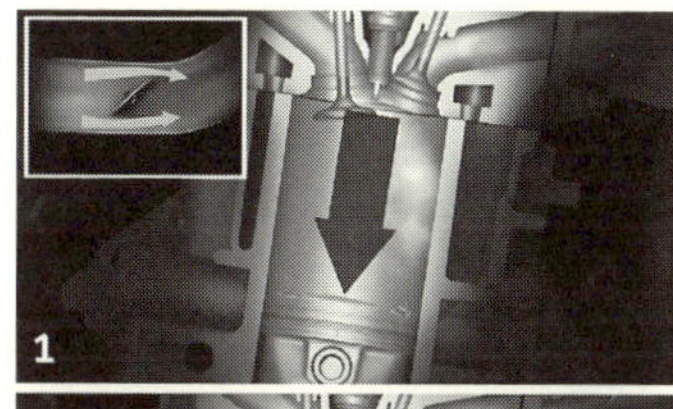

1. スロットルバルブを開けたままピストンを下げるので、ムダな抵抗を減らすことができる

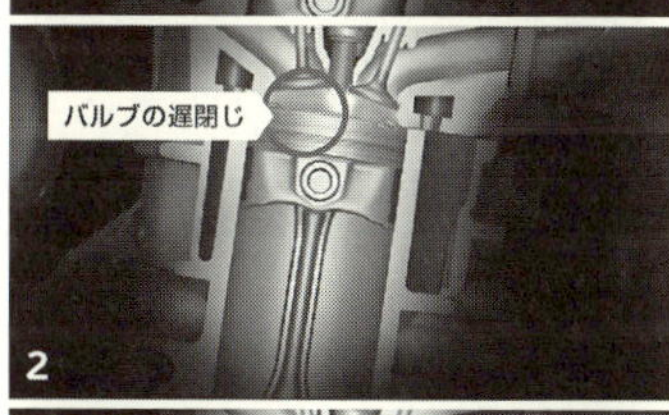

2. 吸い込んだ吸気の一部が吸気ポートに戻されるくらいにバルブの閉じるタイミングを遅くすること

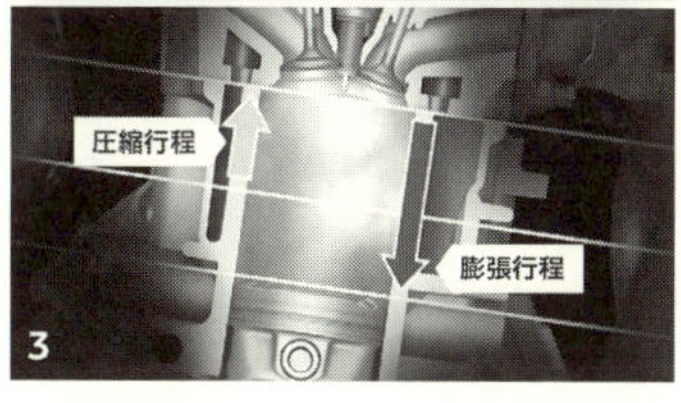

3. 圧縮行程よりも膨張行程を大きくすることができるので、効率が高まる。実際にはミラー方式

POINT

◎アトキンソンサイクルは圧縮行程より膨張行程が長い
◎膨張行程のほうが長いと熱効率は高くなる
◎4ストロークガソリンエンジンは、オットーサイクルで動いている

ミラーサイクルとは

アトキンソンサイクルのように、ミラーサイクルも圧縮行程を短くすることで相対的に膨張行程を長くしているとのことですが、機構はどのように違っているのですか？

◩ミラーサイクルには吸気バルブの遅閉じと早閉じがある

前項のアトキンソンサイクルをより簡単に実現するのが「ミラーサイクル」です。これを提案したのは米国人のラルフ・ミラーで、一般的にミラーサイクルといいますが、ミラー方式によるアトキンソンサイクルといえるものです。実際のやり方は吸気バルブを極端に遅閉じする、または早閉じすることで、実際の圧縮行程を短くするものです。もちろん通常でも吸気バルブが閉じるのはピストンが下死点を過ぎてからです。これは吸気にも慣性力があり、下死点を過ぎてピストンが上昇し始めても、いわゆる「慣性過給」の効果で吸気が入ってくるからです。しかし、遅閉じミラーサイクルではそれよりさらに遅らせてから閉じます。シリンダー内に吸入した吸気を一部吐き戻すほどになるタイミングです。一方、早閉じのミラーサイクルでは、ピストンが下死点に行く前に吸気バルブを閉じてしまいます。遅閉じでは吸気を吐き戻すという無駄がありますが、早閉じではそのようなポンピングロスがありません。ただし早閉じでは慣性過給の効果は期待できませんので取り込まれる吸気量は非常に少なくなります。これを補うためにたいてい過給システムを伴って吸気バルブの開口期間の短さをカバーするようにしています。

◩ミラーサイクルは過給かハイブリッドと組み合わされる

ミラーサイクルエンジンの圧縮比は12〜13といった高めの数値になります。なぜなら実際の圧縮行程は短いのですが、圧縮比の表示は普通のエンジンと同じピストン位置により決まるからです。見かけの圧縮比は高くても圧縮圧がそれだけ高いわけではありません。またミラーサイクルは吸気行程を短くすることで実際の排気量より小さく使います。したがって使用する排気量の割にエンジンは重く、容積は大きい反面、出力は小さくなります。それでも熱効率が高いというメリットがそれらを上回るわけです。ミラーサイクルのエンジンは排気量の割に出力が小さいので、過給器と組み合わせたり、あるいはハイブリッド車用エンジンとして出力の不足分をモーターで補ったりしています。なお、メーカーによりアトキンソンサイクルと呼ぶところとミラーサイクルと呼ぶところがありますが、自動車用エンジンで採用しているのはすべてミラー方式のものです。

早閉じミラーサイクルの仕組み

吸気行程で下降している最中に吸気バルブが開くのは通常のエンジンと同じ(①)。下降している途中で吸気バルブが閉じる(②)。さらに下降し、下死点を経てピストンが上昇に転じても吸気バルブは閉じたままである(③、④)。

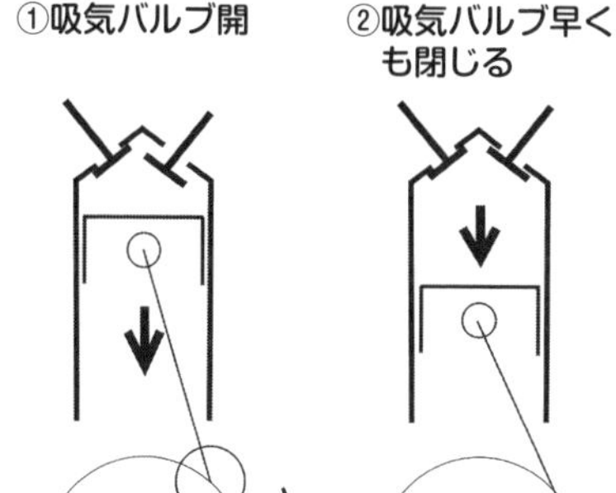

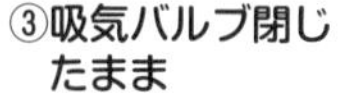

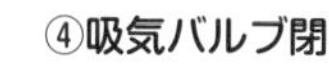

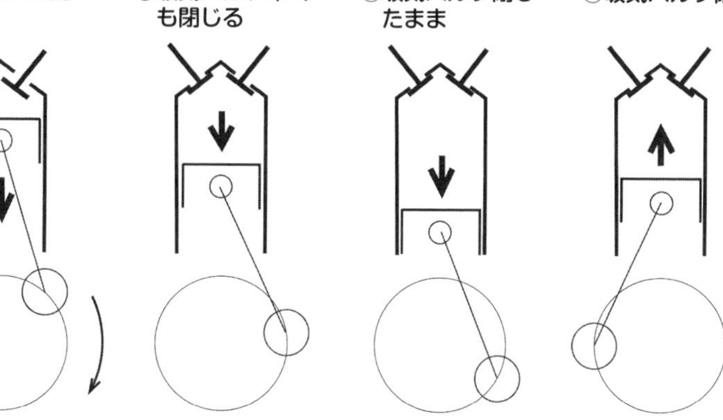

遅閉じミラーサイクルの仕組み

吸気行程に入って吸気バルブは開き(①)、下死点に向かってピストンが下降している最中でも吸気バルブは開いたまま(②)。ピストンが上昇し圧縮工程に転じ、吸気の一部が戻るようになってもまだ吸気バルブは開いている(③)。ピストンがシリンダー高の半分近くの高さになって吸気バルブは閉じる(④)。

①吸気バルブ開　②吸気バルブ開　③吸気を一部戻すほどバルブ閉じを遅らせる　④吸気バルブ閉

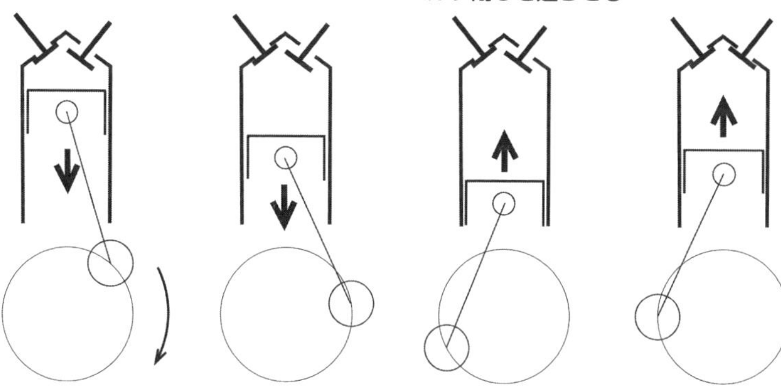

POINT

◎ミラーサイクルは吸気バルブの開閉時期でアトキンソンサイクルを実現
◎名目の圧縮比は高くても圧縮圧が高いわけではない
◎出力が下がる分を過給やハイブリッドで補強するのが通例

可変圧縮比システムって何？

エンジンの圧縮比は固定されており、変更することは構造上困難と言われていましたが、昨今状況に応じて変えられるシステムが登場しました。どのような機構なのでしょうか？

◩低回転、高負荷でノッキングは起きやすい

エンジンの圧縮比は通常固定されていますが、これをエンジンの運転状況により8：1にしたり14：1にしたりとするのが可変圧縮比システムです。圧縮比は高いほうが燃焼圧力は大きくなりエンジンの効率はよくなります。したがって圧縮比はできるだけ高くしたいのですが、高すぎるとノッキング現象が起こるため、通常はノッキングを起こさない程度の一定の圧縮比に決めます。ところが、ノッキングはエンジンの運転状況により、起こりやすい場合と起こりにくい場合があります。ノッキングが起こりやすいのは一般的に低回転、高負荷の状況です。また、ターボ車では過給圧が高いときは圧縮圧も高まるので、ノッキングが起こりやすくなります。したがって、ノッキングが起こりやすいときには圧縮比を下げ、ノッキングが起きにくいときには高くすれば、トータルで効率の高いエンジンになります。

◩ピストンの上死点位置が可変機構を持つマルチリンクにより変わる

可変圧縮比エンジンは世界中のメーカーが研究開発をしてきた経緯がありますが、機構が複雑になるため実用化した例はありませんでした。ところが、日産自動車はかねてから可変圧縮比の研究開発を進め、ついにVCR（バリアブル・コンプレッション・レシオ）ピストンクランクシステムを実用化、この可変圧縮比エンジンを搭載した車両を発売することになりました。

その日産のVCR機構について説明します。圧縮比を変えるということは、上死点でのピストン位置（高さ）を変えることになります。通常のエンジンではピストンとクランクシャフトはコンロッドを介して接続されていますが、VCRではコンロッドに加えてマルチリンクというもう1つの部品が介在します。このマルチリンクが可変機構の要になります。マルチリンクはクランクピンにはまっていますが、その腕の一方がコンロッドと接続されています。そしてその対角の位置はコントロールシャフトに接続されています。コントロールシャフトが動くとマルチリンクはクランクピンを中心に角度を変えます。そうするとコンロッドの位置が変わり、ピストンの高さも変わることになります。コントロールシャフトを動かすのがマルチリンクドライブ（アクチュエーター）から伸びたアームです。

可変圧縮エンジンの主要機構部カット写真

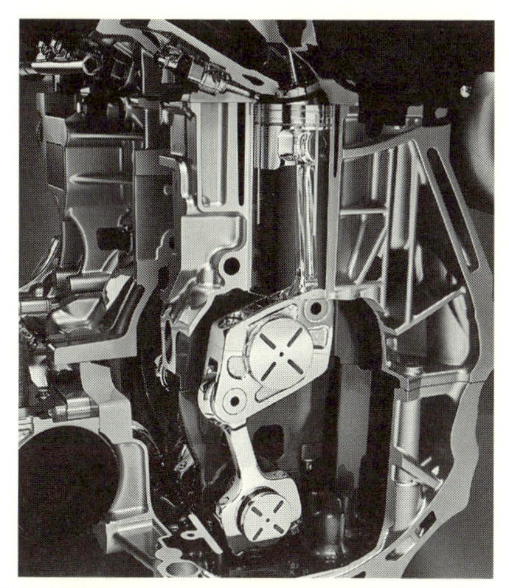

通常のエンジンは、コンロッドの小端部がピストンピン(ピストンとコンロッドをつなぐピン)に、大端部はクランクピン(クランクシャフトとコンロッドをつないでいるピン)と連結されているが、可変圧縮エンジンでは、中央に見えるマルチリンク上部のピンがコンロッドに、下部のピンがコントロールシャフトとつながっている。通常のエンジンには見られない構造である。

可変圧縮エンジンの機構図

日産自動車の可変圧縮エンジン(VC-Tエンジン)は、圧縮比を8：1から14：1まで変えることが可能。①圧縮比を変えるときには同期ドライブが回転してアクチュエーターアームを動かす。②アクチュエーターアームはコントロールシャフトを回転させる。③コントロールシャフトが回転するとマルチリンクの角度が変わるようにロワーリンクが動く。④マルチリンクはシリンダーの中でピストンを低い位置に下げるように調整する。こうして圧縮比を変える。

POINT
- ◎ノッキングが起きやすいのは低回転時や高負荷時
- ◎運転状況に合わせて圧縮比を変えれば効率が上がる
- ◎コンロッドとクランクピンの間にマルチリンクが介在

燃料噴射とは

電子制御技術の発達を背景に、ガソリンエンジンでは1990年代に入り燃料噴射が全面的にキャブレターに取って代りました。燃料噴射とはどういうものですか？

燃料噴射の歴史は古く、そもそもは第2次世界大戦時に、急上昇、急降下、背面飛行などを行う戦闘機が、キャブレターでは燃料の途切れが発生するために燃料噴射機構が開発されたといいます。自動車用として最初に燃料噴射装置を採用したのは、1954年のメルセデス・ベンツ300SLの6気筒エンジンでした。これは機械式の燃料噴射装置でしたが、後述する筒内直接噴射であったというのは技術的に興味深いものです。しかし、当時は特殊なシステムとして一部の高級車やレーシングカーで採用された程度で燃料噴射が普及するには至りませんでした。

◪排気ガス規制強化と電子制御の発達が背景に

ガソリンエンジンが誕生してから長いこと燃料供給システムとして使われていたのはキャブレターでした。キャブレターにはいろいろなタイプがありますが、基本は霧吹きの原理と同じで、吸気の通路上で燃料を吸い上げてシリンダーに送り込む方式です。負荷や回転数に応じて巧みな方法で燃料の量を調節する機能がありましたが、機械的な制御ですので年を追って厳しくなる排ガス規制に対応するのが難しくなりました。そこで登場したのが燃料噴射ですが、技術的背景として、コンピューターの発達で電子制御技術が高度に発達したということもあります。1990年に入り電子制御の燃料噴射システムがキャブレターに全面的に置き換わりました。現在のクルマのエンジンはすべて燃料噴射になっています。

◪一般化したポート噴射からストイキ直噴への流れ

燃料噴射にはポート噴射（間接噴射）と直噴（筒内直接噴射）があります。ポート噴射はインジェクター（噴射機）を吸気マニホールドに設けて噴射するものです。1箇所に噴射したものを各気筒に配分するものと、各気筒のマニホールドごとにインジェクターを設けたものがありますが、現在は後者が普通です。4気筒なら4つのインジェクターが必要なのでコストは上がりますが、当然細かく正確な噴霧量をシリンダーに送ることができます。直噴は燃焼室にインジェクターを設けて燃焼室に直接燃料を噴射するものです。点火プラグと並ぶようにインジェクターが燃焼室に差し込まれるのが普通です。なお、ガソリンエンジンを前提に記述してきましたが、そもそもディーゼルエンジンはすべて直噴システムを装備しています。

燃料噴射システム

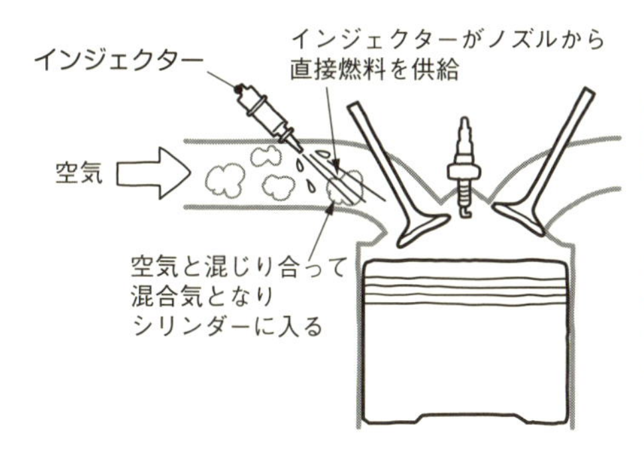

キャブレターは、エンジンの負圧を利用して混合気をシリンダー内に送り込む装置。このため細かい調整などは不向きで、燃費向上や排気ガス規制に対応しきれなくなった。一方、燃料噴射システムはインジェクターから燃料を噴射。電子制御技術の発展を背景に、微細な制御が可能になったことから、現在では自動車はもとよりオートバイにおいても全面的に置き換わっている。

インジェクターの透視図

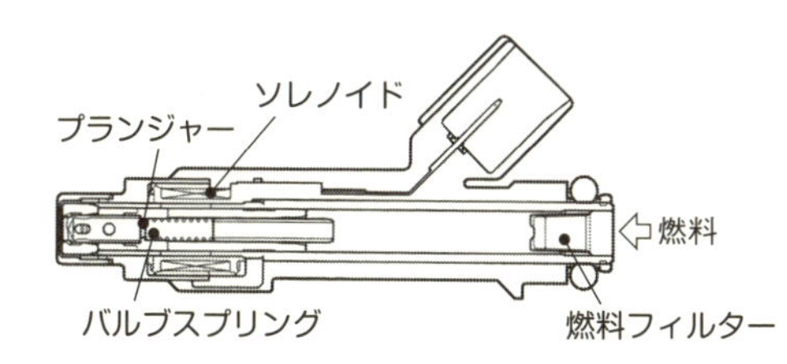

燃料ポンプから圧送された燃料（ガソリンなど）はインジェクターに充填される。コンピューターの指示により、ソレノイドは動作してバルブを作動させ、燃料は噴射される。

直噴エンジンのカットモデル

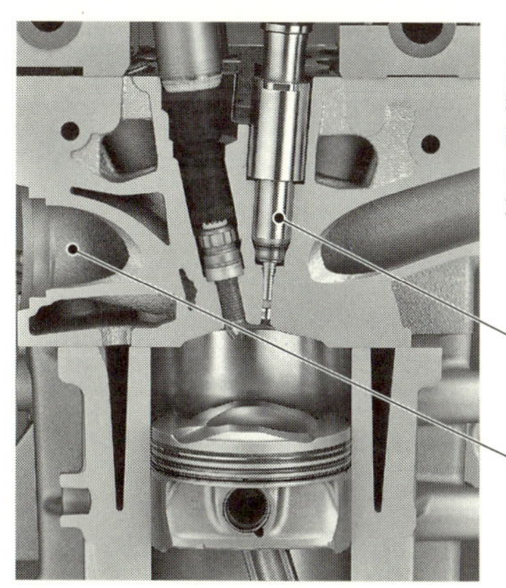

インジェクターは燃焼室の上部に置かれ、ピストンの頂部にめがけて燃料を噴射する。燃料はピストン上部の窪みにぶつかって拡散し、吸気ポート（左側）から送られてきた吸気と混ざり合う。この窪みの形状は、燃料と吸気の混合と拡散に大きな影響を与えている。

POINT

◎機械式燃料噴射は昔からあったが一般に普及しなかった
◎排気ガス規制と電子制御技術の発達でキャブレターに取って代わる
◎ポート噴射から直噴へ。ディーゼルは当初から燃料噴射

間接噴射と直接噴射

燃料噴射システムには、ポート噴射と直接噴射(直噴)があるということですが、燃料を噴射する場所の違いのほかに、どのような違いがありますか?

燃料噴射の進化の流れとしてはポート噴射から直噴へと移っています。直噴と過給の組み合わせであるダウンサイジングエンジンの普及がそれを加速しています。ポート噴射と直噴の違いをあげると次のようになります。まずポート噴射では噴射した燃料がポート壁に液体として着いてしまう分があり、適切な量の燃料を必要なタイミングでシリンダー内に送り込むには不利です。その点、直噴では噴射の時期や回数などを自在にコントロールできます。

◩直噴のほうがノッキングを抑えやすく出力も高められる

直噴は圧縮比を上げることを可能とし、結果的に出力を高められます。ポート噴射では圧縮行程で圧縮するのは空気と燃料が混ざった混合気ですから、圧縮比を高くすると自己発火しノッキングを起こす恐れがあります。直噴では圧縮するのは空気だけですから、圧縮された空気が高温になっても燃料を噴射する前に自己発火することはありません。また、直噴では燃料を噴射したときに、燃料の気化熱で結果的に燃焼室内を冷やす効果があり、ノッキングは起こりにくくなります。実際には吸気行程で少し燃料を吹くことがありますが、これも気化熱を奪うことで冷却効果があります。この温度を下げる効果は吸気の体積が小さくしますので、より多く(5~8%)の空気をシリンダー内に取り入れることを可能にします。これによる出力アップが見込めます。

◩直噴は触媒を早く暖められるがPMはポート噴射より多い

さらに直噴は早期に触媒を暖めることができます。触媒は300℃以上に暖まった状態で機能することから、冷間始動した場合はできるだけ早く暖める必要があります。直噴では噴射タイミングが自在ですから、排気行程で少し噴射して触媒付近で燃焼させて触媒を暖機することができます。

しかし、直噴にも大きな課題が出てきています。それはPMの排出量が多いことです。噴射から燃焼までの時間が短いので、空気との混合ができきれないまま燃焼が終わってしまうためです。その量はディーゼルエンジンの3割ほどといいますから、大きな問題です。もちろんDPFと同様にGPF(ガソリンパティキュレートフィルター)を使えば処理できますが、コストアップは避けられません。

ポート噴射のイメージ図

燃料噴射装置は吸気ポートの途中に置かれ、シリンダー内に送り込まれる吸気に噴出される。燃料と吸気は燃焼室に向かう途中で混合気となる。

直接噴射のイメージ図

シリンダーの中央にあるインジェクターからピストンに向けて燃料が噴出される。燃料と吸気は燃焼室内で混合する。

直噴による冷却効果

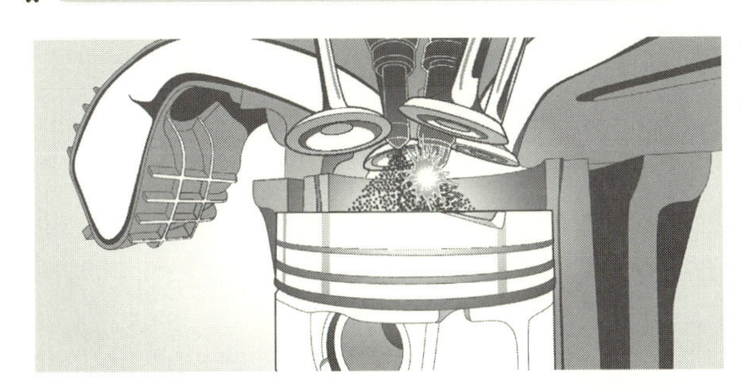

直噴エンジンでは、燃料はピストンに向かって噴出される。この燃料が気化する際に、燃焼室内は冷やされる。エンジンで最も高温になるのがシリンダーヘッドとピストンで構成される燃焼室なだけに、その冷却効果は有効である。

POINT

◎進化の流れとしてはポートへの間接噴射から直噴へ
◎混合気を高圧縮すると自己発火しやすいが直噴なら自己発火しない
◎直噴は触媒を早く暖められる利点があるが、PMは出やすい

直噴技術の進化

直噴エンジンが登場した初期のころは、希薄燃焼を狙ったものだったとのことですが、環境規制の強化を受けて直噴技術はどのように発展していったのですか？

◪電子制御直噴を世界に先駆けて量産化したものの……

1996年に世界で初めて電子制御の直噴エンジンを量産車に搭載したのは三菱自動車でした。独特のキャビティ（凹み）のあるピストンを持ったこの直噴エンジンにはガソリン・ダイレクト・インジェクションを意味する「GDI」の名が付けられました。その後、トヨタも同様の直噴エンジン「D4」を出し、日産やホンダもそれに続きました。第1世代の電子制御直噴はいずれも燃費の向上が見込める希薄燃焼（リーンバーン）としたものでした。それは、直噴が希薄燃焼を可能にする資質を持っていたからです。ポート噴射では燃料を極端に薄くすると着火できなくなってしまいますが、直噴では点火プラグ周辺に着火しやすい濃い混合気を作り出すような噴射が可能です。いったん着火してしまえば薄い混合気でも燃焼は進みます。これを成層燃焼といいますが、空燃比40前後の超希薄な燃焼も可能にします。

しかし、GDIをはじめ希薄燃焼の直噴は成功とは言いがたい形で終わってしまいました。それは希薄燃焼では強化されるNOxの規制に対応できないからでした。NOxは三元触媒で浄化されますが、希薄の領域になると急激に浄化率が落ちてしまいます。HCとCOは逆で、燃料過多で浄化率が落ちます。つまり三元触媒が有効に浄化するのは理論空燃比14.7：1近辺の狭い範囲なのです。なお、理論空燃比での燃焼をストイキ燃焼ということは、第2章1-1項の中図で説明したとおりで、希薄燃焼（リーンバーン）と対照的な位置づけの燃焼です。希薄燃焼は成層燃焼でなされますが、ストイキ燃焼は通常「均質燃焼」で行われます。

◪希薄燃焼からストイキ燃焼に推移した理由

希薄燃焼で始まった直噴は、その後ストイキ燃焼を狙った新たな直噴に道を譲りました。そして希薄燃焼の欠点のない直噴として、ストイキ直噴が主流になります。それはダウンサイジングとしての過給器付き直噴においても、基本はストイキ直噴です。ただ、実際にはストイキ燃焼を基本としながらも、運転状況により希薄燃焼に持っていくなど、空燃比は一定ではありません。従来のピストン頂部のキャビティに向けて噴射することで成層を作るのではなく、スプレーガイド式といって主にインジェクターの工夫により成層を作り出す方式の直噴技術も進んでいます。

三菱自動車のGDIエンジン

世界で初めて量産車に搭載された電子制御式直噴エンジン。希薄燃焼を可能にしたもののNOx規制の壁に阻まれて広く普及するには至らなかった。

三元触媒の浄化率の相関図

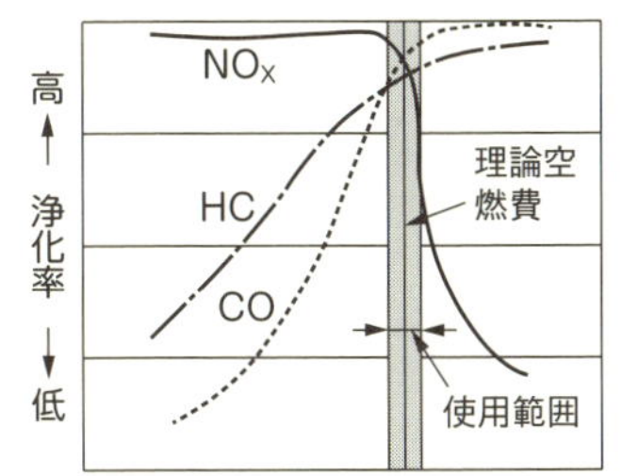

空燃比が大きい(薄い)状態で燃焼する(希薄燃焼)と、NOxの浄化率は低下するが、他方HCとCOの浄化率は高くなる。逆に空燃比が小さい(濃い)と、状況は逆転し、NOxの浄化率は上がり、HCとCOの浄化率は低くなる。この背反関係が排ガス対策を難しくしている。

成層燃焼を可能にしたスプレーガイド式直噴システム

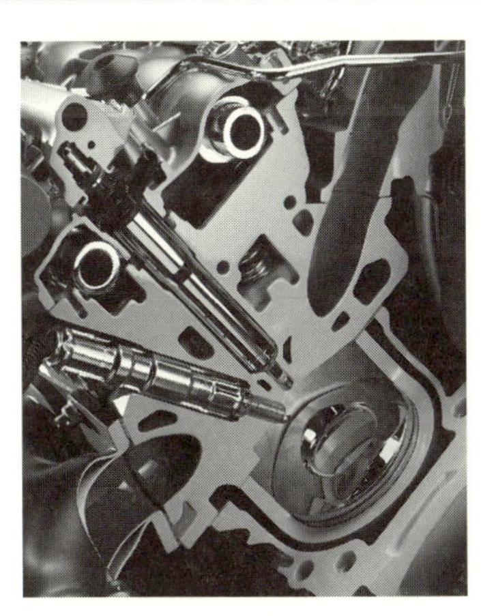

成層燃焼を行う場合、部分的に空燃比の濃い領域を作り出す必要がある。従来はシリンダー内壁や燃焼室内に混合気を当てて作り出していたが、スプレーガイド式ではインジェクターに工夫を凝らすことによって作り出すようにしている。

POINT

◎強化されたNOx規制に対応できず希薄燃焼直噴は終わる
◎理論空燃比領域でないとNOx浄化できない三元触媒
◎基本はストイキ直噴が主流だが部分的には希薄も追求

2-4 デュアルインジェクター

燃料を噴射するインジェクターは各気筒に1つあれば十分なはずですが、あえて2つ設けるのは何を狙いとしているのですか？　また方式などにも違いはあるのですか？

◪狙いは1つの吸入バルブに1つのインジェクター

デュアルインジェクターとは1つの気筒にインジェクターを2つ持つシステムです。実はポート噴射のインジェクターを2つ持つものと、直噴のインジェクターのほかにポート噴射用インジェクターを持つものとがあります。両者は意味合いが異なります。

まずポート噴射のデュアルインジェクターについて。現在のエンジンはたいていが4バルブで、吸気バルブは2つあります。気筒ごとの吸気ポートはインテークバルブの手前で2手に分かれ、それぞれバルブの開口面につながっています。シングルインジェクターでは2手に分かれる手前にインジェクターを設けて、燃料が2手に分かれるように噴射します。これに対しデュアルインジェクターでは、2つに分かれたポート内に1つずつのインジェクターを設けています。

これを世界で最初に量産車に採用したのは日産ですが（2010年）、それによれば1つのポートを受け持つインジェクターはより細かいガソリン粒子を噴射することができるようになります。これにより気化が早まり燃焼の安定性が増すとともに、HC（炭化水素）の発生も抑えられるようになりました。また、噴射口からバルブまでの距離が縮まるので、ポート壁面への燃料付着も減り、燃料の直入率が高まります。適正なタイミングで適正な量の噴射が可能になります。

◪ストイキ燃焼直噴を補うポート噴射用インジェクター

もう1つのデュアルインジェクターは、燃焼室の直噴インジェクターのほかにポート噴射用インジェクターを持つものです。これを最初に採用したのはトヨタD4-Sエンジンでした。トヨタは早い時期にD4という希薄燃焼を狙った直噴エンジンを出しましたが、その後ストイキ燃焼に方向を変え、D4-Sというポート噴射を加えたデュアルインジェクター直噴としました。アウディA3に搭載された1.8TFSIエンジンなどもその後直噴＋ポート噴射を採用しています。直噴は優れたシステムですが、弱点は予混合ができず混合気の均質化が不十分なことです。その点ポート噴射は吸気行程を経る間に燃料と空気の混合が進みます。この直噴とポート噴射を走行状況によりうまく使い分けることで、好結果が出せるようになったわけです。

デュアルインジェクターと従来のインジェクター

デュアルインジェクター(右)は、従来のインジェクター(左)よりも粒子が小径な燃料を噴射できることから燃焼がさらに安定してNOxの発生が抑えられるようになるほか、燃焼室により近い位置から噴出することで、燃料の直入率が高まり燃費の向上も図れる。

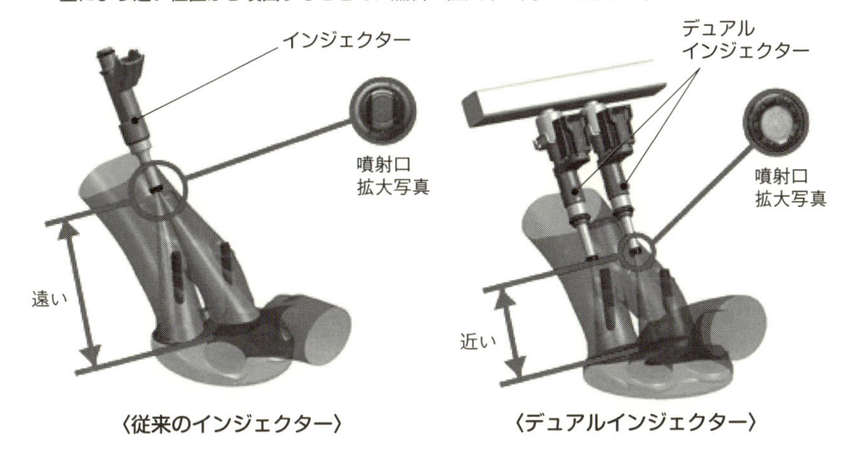

〈従来のインジェクター〉　〈デュアルインジェクター〉

デュアルインジェクターシステムを採用したエンジンのカットモデル

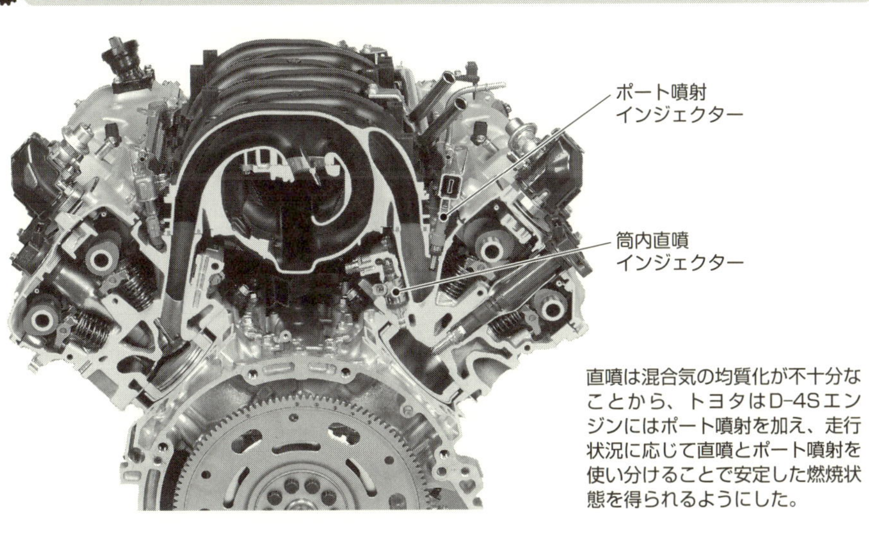

直噴は混合気の均質化が不十分なことから、トヨタはD-4Sエンジンにはポート噴射を加え、走行状況に応じて直噴とポート噴射を使い分けることで安定した燃焼状態を得られるようにした。

POINT
◎吸気バルブごとにインジェクターを設けて効率アップ
◎気化が早まり燃焼の安定性が増すデュアルインジェクター
◎直噴の不足分を補うポート噴射の2本立てもある

排気ガスを再燃焼させるEGR

排気ガスを再びシリンダー内に導入していると聞きました。燃焼した後のガスをなぜまたエンジンに戻すのでしょうか？　あえてそのようなことをする理由は？

◪EGRガスには酸素はほとんど残っていない

EGRは「エキゾースト・ガス・リサキュレーション＝排気ガス再循環装置」といい、排気ガスの一部をスロットルバルブの下流の吸気マニホールドに導いて、再びシリンダー内に吸入させるシステムです。これはガソリンエンジンでも、ディーゼルエンジンでも普通に行われている技術です。これを行う理由はNOxの低減とポンピングロスの低減ですが、ガソリンエンジンではポンピングロスの低減がむしろ主になっています。

EGRガスは燃焼後の排気ガスですから酸素はないか、あっても非常に少ないガスです。これがシリンダーに導入されるので、それに合わせて燃料の量も減り、燃焼の発熱量が下がります。NOxは高温で酸素の多い状況で発生しやすいので、NOxの発生が抑えられます。また、酸素が不足した状態ですので、燃料の着火までの時間が長くなり、燃料と空気の混合が進みます。実際にはEGRガスはそのまま吸気マニホールドに導入されるのではなく、間にEGRクーラーを配置し、そこで冷やしてから導入されるのが普通になっています。高温のガスを冷やせば体積は減るのでそれだけ多くのガスが送り込めるわけです。なお、EGRクーラーは水冷式が普通です。

EGRガスを吸気マニホールドに導入するということは、その分マニホールド内の圧力が上がるので、スロットルバルブの開度を上げることになります。ポンピングロスはスロットル開度が小さいときほど大きいので、開度が増せばポンピングロスが減るわけです。

◪吸気マニホールドにEGRガスを入れると圧力が上がる

通常EGRというと以上のような「外部EGR」をいいますが、これとは別の「内部EGR」もあります。それは排気後もすぐに排気バルブを閉じずに、吸気行程で吸気を吸い込むときに排気ガスも排気口から呼び戻してシリンダーに内に導入するものです。排気行程の最後あたりでは未燃焼ガスが残りがちでHCが発生しやすいのですが、それを吸引再燃焼させることで、これを防ぐことができます。内部EGRはバルブのオーバーラップを大きめにとることで実現しますが、そのために吸気側カムだけでなく、排気側のカムも可変タイミングにしたりします。

EGRの説明図

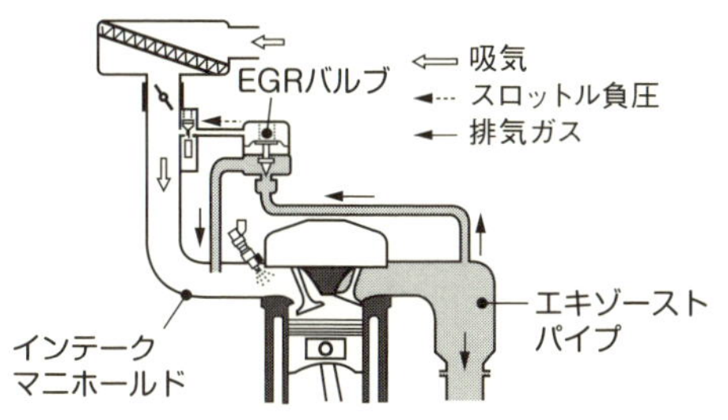

EGRは排気ガスの一部をインテークマニホールド(吸気マニホールド)に導いて、シリンダー内に戻すシステム。排気ガス中には酸素はほとんど存在しないため吸気量が増えてもその中に含まれる酸素の量は増加しないため燃料噴射は抑えられる。このためスロットルバルブを開くことができ、ポンピングロスの低減が図れる。また発熱量が低下することによりNOxの発生量も抑えられるようになる。

EGRクーラー

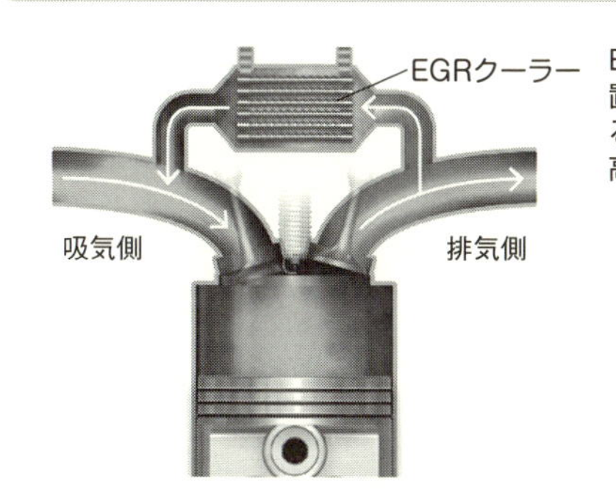

EGRクーラーは排気ガスの温度を下げる装置。気体は熱せられると膨張し密度が低下する。クーラーで冷却して温度を下げて密度を高めることで充填効率を向上させる。

EGR クーラーを装備したエンジン

排気管から取り出された排気ガスの一部はEGRクーラーで冷やされ吸気マニホールドを通ってシリンダーに戻される。

熱い排気ガス

冷やされた排気ガス

POINT

◎EGRで酸素が少ない状態ができるからNOxが減る
◎EGR導入でスロットル開度大→ポンピング損失が減る
◎排気バルブから排気ガスを引き戻す内部EGRもある

ボアストローク比、S/V比と燃費

エンジンを区別する方式の1つとしてショートストロークとかロングストロークとかいうようですが、これはどういうことですか？　両者の違いや利点などは？

◩ロングストロークは混合気の攪拌がよく熱効率も高い

エンジンのボア（内径）とストローク（行程）の比はエンジンの性格を決める要素になっています。ボアとストロークが同じ場合をスクエアといい、それよりボアが大きいものをショートストロークとかオーバースクエアといいます。一般的に高回転型のエンジンです。反対にストロークが大きいものをロングストロークといい、低回転高トルク型です。1-3項でも触れましたが、エンジンの回転数を制限する要素にピストンスピードがありますが、これが速くなりすぎると潤滑が追いつかなくなり焼き付きなどを起こしてしまいます。このピストンスピードは同じ回転数ならショートストロークのほうがロングストロークより遅いので、その分回転数を上げられます。またショートストロークは相対的にボアが大きいので、大きなバルブを設けられます。素早く多くの吸気をシリンダーに取り込めるので、高回転化することで高出力を得やすいといえます。一方ロングストロークはピストンスピードが速くなることとバルブ径も小さいので、吸気の流入速度が高まります。特に中低速では混合気の攪拌が難しいので、これは好都合です。燃焼室内での混合気の流速、攪拌が速いと燃焼速度も増し、熱効率が上がって燃費を向上させます。

◩小さい気筒ほどS/V比が大きく冷却損失は大きい

S/V（エスブイ）比というのがあります（第2章1-3項参照）。これはピストンが上死点にあるときの燃焼室の表面積（サーフェス）と容積（ボリューム）の比のことです。この比はエンジンの冷却損失を左右する指標です。S/V比が大きい、すなわち容積に対して表面積が大きいと冷却損失が大きくなります。燃焼室の大きさは気筒の排気量と連動していますから、排気量で考えてもよいでしょう。表面積は一辺の二乗に比例しますが容積は一辺の三乗に比例する関係にあります。したがって排気量を2倍にしても表面積は2倍にはなりません。逆に排気量を半分にしても表面積は半分には減りません。したがって小さい気筒は相対的に表面積が大きくなり冷却損失の割合が増えてしまいます。同じ排気量でも気筒が多いと1気筒あたりの冷却損失が増えます。最近は振動騒音では不利ながら3気筒エンジンが多いのは、軽量コンパクト化の面もありますが、冷却損失の低減の意味もあります。

ボア、ストロークとエンジンの性格

①ロングストローク型

運動距離が長いので
あまり速くは動けない

②ショートストローク型

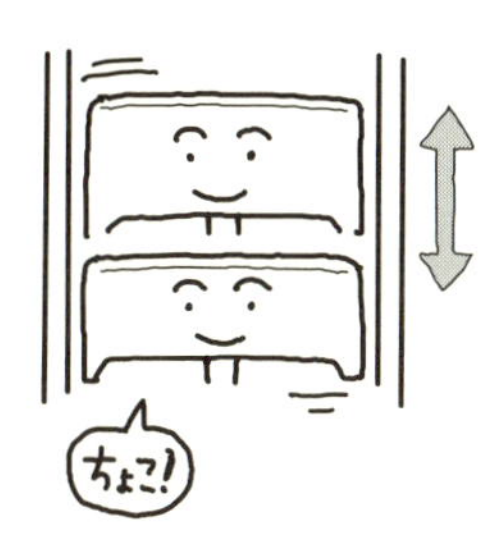

ストローク量が小さいので
高回転エンジン向き

③スクエア型

両者の中間くらい…

ショートストローク、ロングストロークのメリット

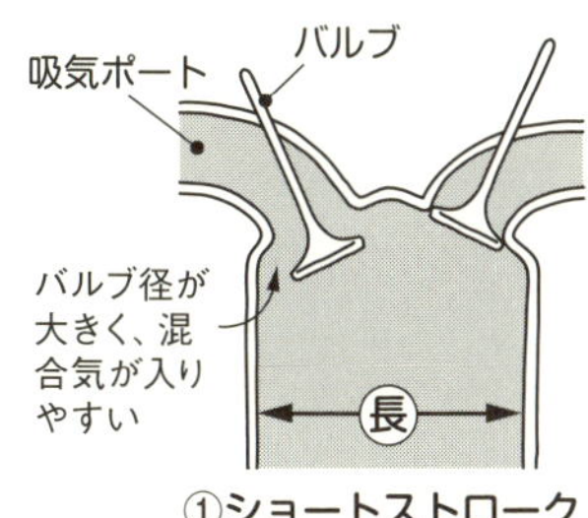

①ショートストローク

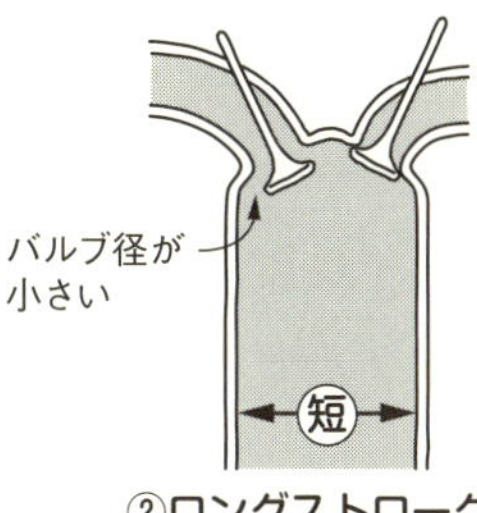

②ロングストローク

ショートストロークは、大きなバルブによって素早く多くの吸気を取り込むことができ、高回転化しやすい。ロングストロークは、ピストンスピードが速く、バルブ径が小さいため吸気の流入速度が高まる。

S/V比

S/V比は燃焼室の性能を表す。容積に対して表面積が狭いほうが火炎の燃え広がり方がスムーズで、熱の損失(冷却損失)が少なくなるため、この値が小さいほうがよい。

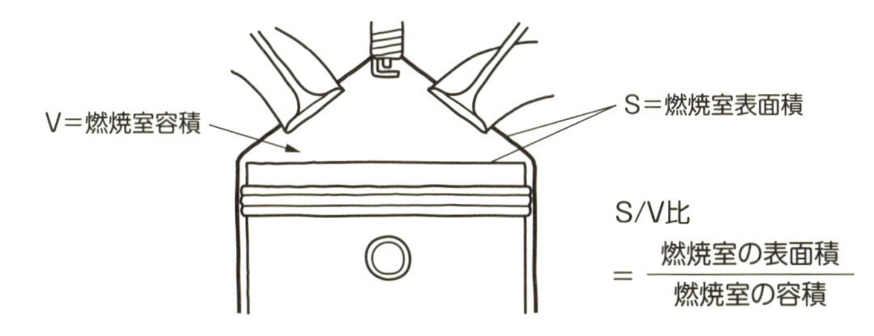

POINT

◎ボアストローク比はエンジンの性格を決める
◎熱効率を追求するとロングストロークになる
◎小さい気筒は表面積の割合が大きく冷却損失は大

気筒休止システムとは

平坦路を走行しているときは、さほど出力は必要としません。そのようなときに気筒のうちいくつかを停止するエンジンがあるそうですが、どのような仕組みなのでしょうか？

◩大きなエンジンを小さく使う技術

気筒休止とは、多気筒エンジンにおいて、運転状況によりそのすべての気筒を使わずに、いくつかの気筒の作動を停止させるシステムです。たとえば6気筒エンジンで平坦路を巡航する場合など、大きな出力を必要としませんから、2気筒または3気筒を休止させ、実質的には4気筒または3気筒エンジンとして運転します。ダウンサイジングエンジンは小さなエンジンを大きく使う技術ですが、これは大きなエンジンを小さく使う技術といえます。どのようなメリットがあるかというと、ロスが減るとともに効率が上がり燃費が向上します。

その理由を説明する前に、気筒休止とはどのような状態になっているのかを説明しておきましょう。気筒休止といってもピストンが動かなくなっているわけではありません。ピストンは作動していますが、燃料は噴射されていません。燃焼行程がありませんからその分燃料消費が減るわけですが、それだけではありません。バルブの動きも止まります。このとき吸排気バルブは閉じているか、それとも開いているか？　両バルブとも開いていると考える方もいるかもしれませんが、答えは「吸排気バルブとも閉じている」が正解です。これは、気筒休止の大きな狙いであるポンピング損失をなくすためです。

◩気筒休止により効率のよいエンジンに

バルブを開けておくとピストンの上下動でそこを吸気が出たり入ったりします。バルブを全開にしていても、狭いところを通過するためにポンピング損失（ロス）が発生します。一方バルブを閉めておくと吸気は出入りしないので、ポンピング損失は発生しません。バルブが閉まっていると、ピストンが下がるときには燃焼室に負圧が発生しそれが抵抗になりますが、ピストンが上がるときにはその負圧がピストンを引き上げるように働き、プラスマイナスゼロとなり、損失がないことになります（1-7項「連続可変バルブリフトとは」参照）。

気筒休止の効果はポンピング損失の低減だけでなく、働いている気筒の効率を上げる効果もあります。休止している気筒の負荷を働いている気筒が受け持つので、その分負荷が高まり、効率のよいエンジンの使い方ができるわけです。

気筒休止機構

ホンダの気筒休止メカニズム。稼働時は、ロッカーアーム内の2つのピンが境目を連結することでバルブは動くようになり、その気筒は一連の行程を行う。休止時はピンがロッカーアームを分断することによってその気筒は稼働をやめる。

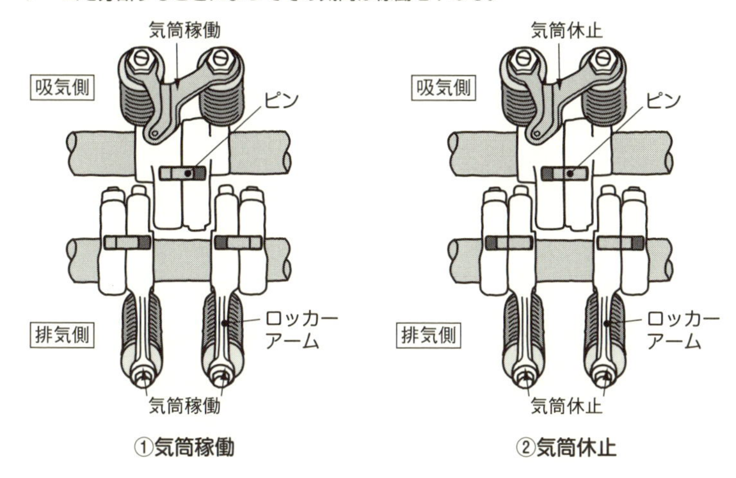

6気筒エンジンの気筒休止

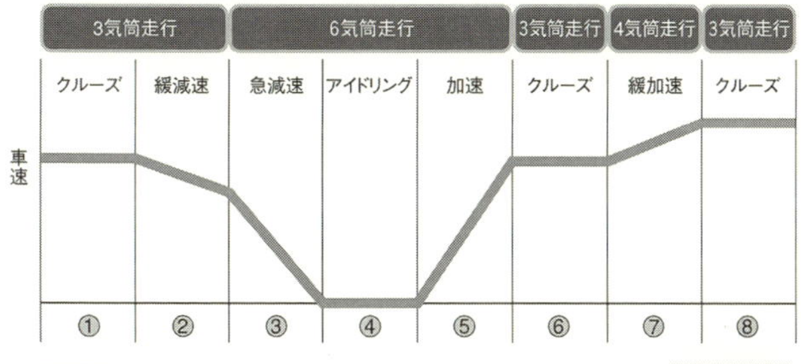

①⑥⑧ クルーズ時	3気筒走行
② 緩減速時（エンジンブレーキ弱）	
③ 急減速時（降坂路やフットブレーキ操作時、エンジンブレーキ強）	6気筒走行
④ アイドリング時	
⑤ 加速時	
⑦ 緩加速時	4気筒走行

定常走行時や緩やかに減速するときは大きな出力を要しないため3気筒で走行し、出力が必要となる緩加速時には4気筒に、さらに出力が必要なときや高負荷時には6気筒走行となる。また低負荷・低回転時には安定した回転を維持するために6気筒を動かしている。

POINT

- ◎ロスが減るとともに効率が上がり燃費が向上
- ◎気筒休止の大きな狙いはポンピング損失をなくすこと
- ◎気筒休止は吸排気バルブとも閉じている状態

HCCIとは（1）　同時多発着火・燃焼

予混合圧縮着火燃焼は内燃機関の究極の燃焼形態といわれています。HCCIではガソリンはどのように着火して燃焼しているのでしょうか？　なぜ究極なのでしょうか？

◩期待されながらなかなか実現できず悲観論まで

HCCIは内燃機関の理想的な燃焼形態といわれるもので、「Homogeneous Charge Compression Ignition」の略です。日本語では「予混合圧縮着火」とか「(均一) 予混合圧縮燃焼」といいます。どのように理想的なのかというと、燃費がよくて排気ガスもきれいということにつきます。ディーゼルエンジンとガソリンエンジンのいいとこ取りをした異種混合のエンジンともいわれます。HCCIの名前は1989年にアメリカの機関で名づけられましたが、1995年に豊田中央研究所の研究グループが発表した論文がきっかけとなって世界中で研究開発が活発化しました。しかし、実際に効果のある実績を出すのが難しく、その後長いこと停滞していました。そうした状況からHCCIの実現は無理ではないかとの意見も出る状況もありました。ところが、マツダが「SKYACTIV X」を2019年に商品化すると発表したことで、HCCIはまたも注目の的になりました。というのは「SKYACTIV-X」の実態はHCCIを含む燃焼技術を搭載したものだからです。これについては2-10項で説明します。

◩いろいろなロスが小さいから熱効率が高い

HCCIの燃焼の特徴は燃焼室のあらゆるところから同時多発的に着火・燃焼が始まることです。予混合された混合気が圧縮されていき、圧縮熱が高まったある時点で多点着火するわけですが、着火させるために圧縮比は高く設定しますので、熱効率が高いといえます。また基本的に希薄燃焼ですから燃料は有効に燃焼に使われます。スロットルバルブがないのでポンピング損失が少ないのはディーゼルと同じです。燃焼温度が低いので排気損失と冷却損失も小さいといえます。さらに、ピストン位置が高ところで同時多発で燃焼が始まりますので、燃焼圧力が有効にピストンに伝えられます。これを「時間ロス」が少ないといいます。このような利点がありながら実用化までに至らなかったのは、点火プラグで燃焼をコントロールするのと違い、やはり燃焼の制御が難しいからです。燃焼室内のガス温度は低すぎると失火しますし、燃料の濃さ（薄さ）も安定燃焼に大きく影響します。そのため、限られた狭い回転域と負荷域でしか実現できません。したがってHCCIの課題は広い領域でHCCI燃焼を実現することにほかなりません。

火花点火(SI)と予混合圧縮着火(HCCI)の違い

火花点火は点火プラグにより混合気に点火し、火炎伝播により燃焼が広がる。ストイキ燃焼が基本。他方、予混合圧縮着火は圧縮熱により同時多点着火で燃焼が始まる。希薄燃焼(リーンバーン)が基本。

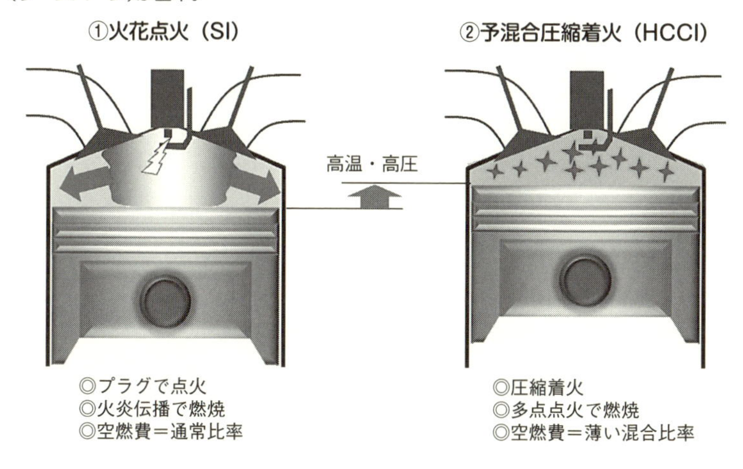

圧縮着火と熱効率

圧縮着火は早くから燃焼が始まり短時間で燃え尽きるので、燃焼圧が高くなりピストンに力が有効に伝わる。そのため熱効率は高まる。火花点火では火炎伝播に時間がかかり燃え尽きるまで時間を要する分、ピストンにかかる力は弱まる。

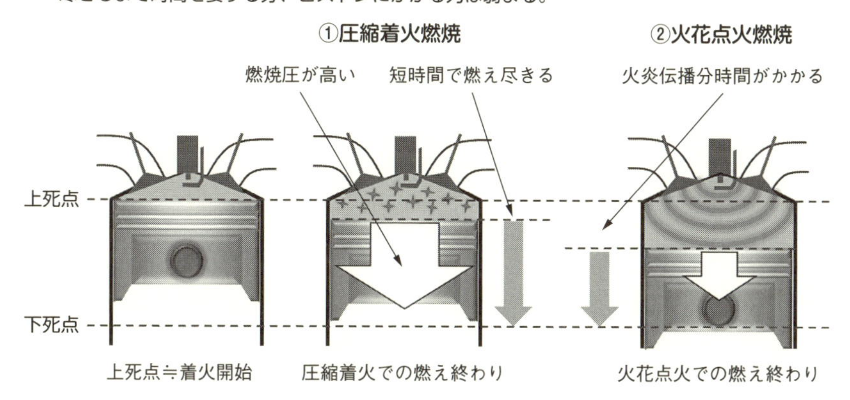

POINT
- ◎ガソリンエンジンとディーゼルエンジンのいいとこ取り
- ◎世界中で研究開発するもなかなか実用域に達せず
- ◎ロスも少なく効率が高く排ガスもきれいな究極の内燃機関

2-9 HCCIとは（2） 希薄燃焼の追求

普通のガソリンエンジンの希薄燃焼ではNOxの浄化に三元触媒が使えないので、ストイキ燃焼をしています。HCCIの場合はどうなっていますか？

◩圧縮着火のディーゼルエンジンはもともとHCCIに近い位置にいる

ディーゼルエンジンはもともと圧縮着火ですからHCCIの実現に近い位置にいるといえます。しかし、燃料を噴射しても通常の燃料噴射では燃料は均一化されていませんから、噴霧の先のほうの霧化が進んだあたりから燃焼が始まり順次広がっていきます。それでもコモンレール式で2000気圧を越える高い圧力での燃料噴射は霧化を促進しますし、排ガス対策のための大量のEGRを送り込んで着火も遅らせるなど、HCCIの条件に近づく要素もあり、一部の領域ではHCCIを実現しているところもあります。ただし、限られた領域だけでの実現でしかなく、広げられないという課題はガソリンHCCIと変わりません。

◩火花点火と違って着火のために濃い混合気を必要とはしない

ガソリンエンジンでは点火プラグで点火することで燃焼が始まります。もし希薄燃焼を狙ったとしても、点火プラグの周囲の混合気は着火させるためにある程度の濃さが必要です。一度着火してしまえば後はその熱と圧力で希薄な混合ガスも燃焼します。しかし燃焼温度が高い希薄燃焼ではNOxが発生しますが、三元触媒は空燃比に大きな影響を受け希薄燃焼ではNOxの浄化ができません（3−5項参照）。そのため一時追求された希薄燃焼から現在はストイキ燃焼に変わっています。しかし、HCCIではNOxの排出がそもそもほとんどないので、三元触媒を気にせず希薄燃焼が追求できます。というより、HCCIは希薄燃焼が基本で実現されます。そのためには過給により大量の空気をシリンダーに送り込む必要があり、過給エンジンが基本になります。希薄混合気の中のガソリンは圧縮による熱で加熱され、自己着火します。火花点火と異なり自己着火ですから濃い混合気を必要としません。しかし、実際に自己着火させるためには相当な高温は必要です。ガソリンは燃えると大きなエネルギーを出しますが、軽油に比べ着火しにくい性質がありますから、圧縮比も通常の12〜13程度ではなかなか安定して着火する温度にはなりません。ディーゼル並みにかなり圧縮比を高める必要があります。また、普通はインタークーラーで冷やして送るEGRもそのまま送ったり、バルブをコントロールして内部EGRで高温の排ガスを送り込んだり、といったことが考えられます。

マツダによるHCCIの課題克服のためのブレークスルー

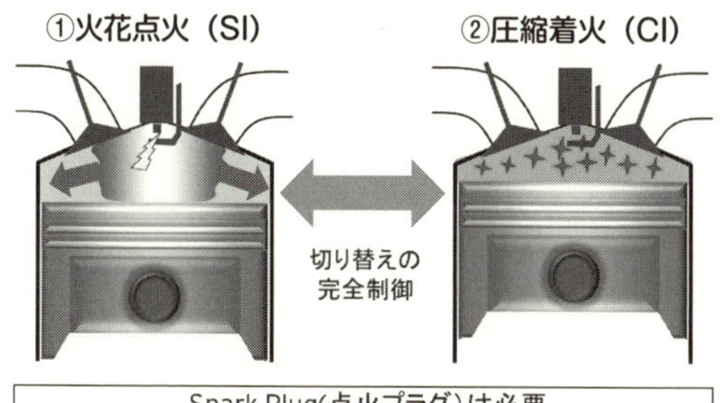

①火花点火と圧縮着火の切り替えに点火プラグを活用することで、スムーズに行えるようにした。

Spark Plug(点火プラグ)は必要

Spark Plug(点火プラグ)を制御因子に活用

②点火プラグを活用した圧縮着火では、混合気を圧縮して終盤にプラグで点火。膨張火炎球（エアピストン）を発生させる。

③膨張火炎球はちょうど天井からピストンが降りてくるように圧縮混合気をさらに圧縮する働きをする。

④さらに圧縮された圧縮混合気は同時多発的に圧縮着火を開始する。これが火花点火制御着火（SPCCI）である。

POINT

- ◎圧縮着火のディーゼルエンジンではHCCIを狭い領域で行っている！？
- ◎希薄燃焼でもNOxがほとんど出ないので三元触媒の問題がない
- ◎ガソリンは軽油より発火温度が高いので、燃焼室には高温が必要

HCCI技術を投入したマツダのSKYACTIV-X

点火プラグを補助的に使うものの広い領域でHCCIを実現するのがSKYACTIV-Xとのことです。排気ガスはクリーンで燃費とトルクも向上するということですが、どのようなシステムなのでしょうか？

◩点火プラグでHCCIの成立を促し領域を拡大

2017年8月にマツダはHCCI技術を使ったSKYACTIV-Xを2019年に商品化すると発表しました。現時点では詳しい技術説明がされていませんが、今までに公表されたことを元に説明していきます。その内容は全領域HCCIではなく、点火プラグを使って圧縮着火する「SPCCI（Spark Controlled Compression Ignition：火花点火制御圧縮着火」という方式です。すでに説明したように、広い領域では成り立たないHCCIですが、そこでスパークプラグを補助的に使うことでHCCIの領域を広げ、HCCIが成り立たない領域はプラグ点火による通常の燃焼を行うというものです。

まず領域拡大では、自己着火する雰囲気に近いながらも着火に至っていない状況で、点火プラグを使って点火します。すると超希薄では一気に火炎伝播して燃焼が始まるのではなく、膨張火炎球（エアピストン）が発生し、ゆっくりと広がっていきます。そして燃焼室内の混合気はこの膨張火炎球の膨張によりさらに圧縮が進み、HCCI成立の条件に入っていくというものです。SKYACTIV-Xは「高応答エア供給機」を装備しているということです。これは電動ターボとかスーパーチャージャーを意味していると考えられますが、これらやバルブタイミング、内部EGR、外部EGRといった技術を駆使して制御していると考えられます。

◩HCCIとストイキの２つの燃焼形態を切り替える

しかし、高回転高負荷領域ではHCCIの成立は難しいので、その領域では通常の点火プラグによるストイキ燃焼に切り替えます。このとき問題になるのはHCCIでは基本的に18ほどの高圧縮比であり、そのままストイキ燃焼にするとノッキングが発生してしまいます。それを避けるためには圧縮比を13程度に下げる必要がありますが、物理的に圧縮比を下げる方法でないとすると、ミラーサイクルによる実質的な圧縮比の低下になります。吸入バルブを早閉じ、または遅閉じにして、実質的に吸入する空気を減らすことで圧縮比を下げるわけです。このとき圧縮比が下がるとトルクが減るため、その急な変動を吸収する必要があります。具体的にどのようにしているか興味深いところですが、燃料の噴射量や過給圧の調整などを含めた微妙は制御を行っていると思われます。

エア供給機能

希薄燃焼を有効に行うために空気をシリンダーの中に積極的に送り込み、EGRとともに希薄化を進めて、その絶対量を増やして出力を上げる。

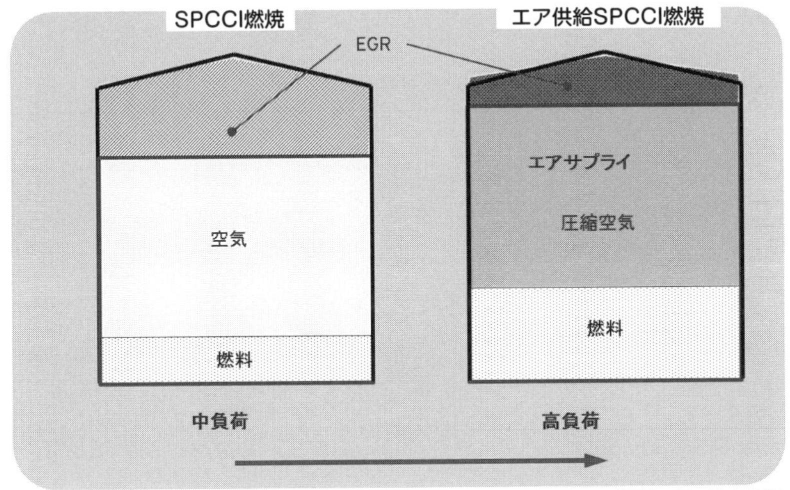

EGR：（燃焼）排気ガス再循環

SPCCI燃焼

SPCCIは圧縮着火の成立範囲が広く、また高回転時の火花着火への切り替えもシームレスに行える。

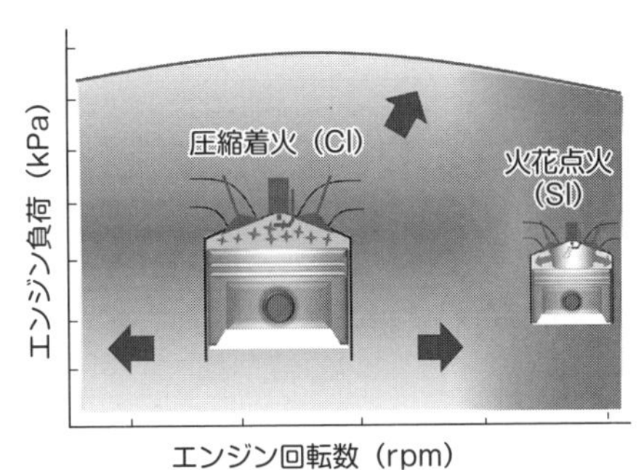

開発段階のデータ（2017年8月時点）

◎プラグ点火の制御でHCCIを広域の回転数、負荷で実現
◎高負荷高回転ではスムーズにストイキ燃焼に切り替える
◎バルブタイミング、EGR、過給圧などを精密制御

過給機の種類

過給機にはターボチャージャー、スーパーチャージャーがあり、最近では電動チャージャーが登場しました。使い分けられていると思いますが、それぞれどのような特徴があるのですか？

◩大容量の過給向きだがターボラグが課題

過給のことをスーパーチャージングといい、空気を1.5～2.0気圧に圧縮して密度を高めたうえでシリンダーに送り込む装置です。エンジンの出力はシリンダーに取り込める空気（酸素）の量で決まりますから、気圧の低い高高度を飛ぶ飛行機や、大きな出力がほしいレーシングカーなどに採用されてきました。最近はエンジンのダウンサイジングのために必要な機器として使用されており、今後もこの傾向は続くことでしょう。その過給機にはターボチャージャーとスーパーチャージャーがあり、最近は電動スーパーチャージャーが出てきています。

ターボチャージャーはエンジンの排気ガスの圧力でタービンを回し、同軸上のコンプレッサーで吸入空気を圧縮してシリンダーに送り込むもので、最もポピュラーな過給機です。高回転域では反応も早まり大量の圧縮空気をシリンダーに送り込めるので、大容量の過給に向いています。ただ、この方式の最大の課題はいわゆる「ターボラグ」です。タービンやコンプレッサーの回転部分は質量に応じて慣性力が働くので、出力を得ようとアクセルを踏んでも回転がすぐに上がりません。特に低回転域では排気の圧力も弱いのでなおさら応答性が低下します。このためターボチャージャーはこの弱点を克服するためいろいろな工夫がなされています。

◩ターボにはインタークーラーが必備

ターボチャージャー自体は非常に高温になります。高温の排気ガスを受け止めるタービンはもちろん、コンプレッサーが空気を圧縮すると熱を持ちます。高温の空気は体積の割に空気の質量が減ってしまいますので、インタークーラーを設けて冷やしてからシリンダーに送ります。今やインタークーラーはターボには必備の装置になっています。ターボチャージャーはまたディーゼルエンジンとの相性がよく、現在はほとんどターボディーゼルになっています。いっそうの希薄燃焼ができてPMが減るほか、燃費も向上するからです。

スーパーチャージャーはエンジンの駆動力でコンプレッサーを回すので、低速でも応答性がよいのが特徴です。この特性を生かした選択がなされます。電動スーパーチャージャーはさらに応答性がよいのが特徴で、今後増えるとみられています。

ターボチャージャー

ターボチャージャーで空気を圧縮して密度を高めてシリンダー内に送り込めば、ターボを使わない自然吸気よりもより多量の吸気が可能になる。エンジンの出力はシリンダーに送り込める空気の量で決まるから、当然ながらパワーは増えることになる。

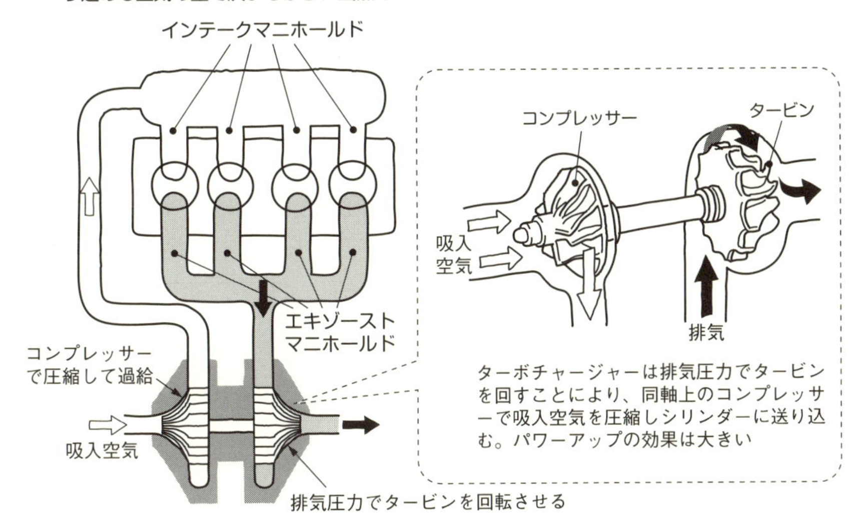

インタークーラー

ラジエーターのような形状をしているのがインタークーラー。高温にさらされるタービンから軸を通して熱が同軸上のコンプレッサーに伝わるほか、コンプレッサーに圧縮された空気は温度が上昇する。温度の上昇に比例して空気の密度は減少するため、充填効率は低下する。これを避けるために、ターボとシリンダーの間にインタークーラーを設置するようにしている。

POINT
- ◎過給機はダウンサイジングエンジンの主要素の1つ
- ◎過給するとただでも吸気の温度が上がるので冷却が必要
- ◎反応が一番速い電動ターボは今後増える見込み

ターボラグ改善のためのいろいろな工夫(1)　A/R比

ターボチャージャーの弱点を克服するために、さまざまな対策が施されているということですが、たとえばどのようなことが行われているのですか？

◩ターボの性格を決めるA/R比

ターボは流量が少ないときは流速が遅く、タービンに力を与えづらくなり応答性が悪くなります。そのため流量が少ないときには吹き出し口の径を小さくして流速を高めたほうが排気圧力は高まりタービンの応答性がよくなります。小さな風車を口で吹いて回すとき、「はー」と息を吹きかけるより口をすぼめて「フー」と吹いたほうが速く回るのと同じ理屈です。このことを表しているのがA/R（エーバイアール）比です。A/R比はタービンの吹き出し口の面積をタービンの半径で割った値で、簡単にいうと、タービンの大きさに対して吹き出し口が大きいか小さいかです。吹き出し口が大きいと高い排気圧ではタービンを強力に回せますが、排気圧が低いと流速が遅くなり回しにくくなります。吐き出し口が小さいと排気圧が上がることで流速も速まり素早くタービンを回すのに適しますが、大きな排気圧で強力に回すのは困難になり、両立はできません。そのため、A/R比はターボチャージャーの性格を決める重要な値になっています。

◩A/R比を可変としたVGT

VGTというまさにA/R比を可変にしたターボもあります。VGTはバリアブル・ジオメトリー・ターボの略で、日本語では「可変容量ターボ」と呼んでいます。スクロール内周に可変ノズルを設け、ノズルのベーン角度を変化させてA/R比を変えるものです。ターボ本体は十分な大きさを持っていながら、流速が遅いときには吹き出し口を小さくして流速を速めて、応答性を上げるわけです。ただし、排気の高温にさらされる箇所にこのようなメカニカルな装置を設けるためには、耐熱性の高い材料が必要になり、その材料は当然のことながら高価です。その点、ディーゼルエンジンでは希薄燃焼ですから空気過剰率が高く、排気温度は850℃前後で耐熱合金を使うもののそれほど高価な材料を使わなくても対応できます。そのためディーゼルエンジンでは広く使われています。しかし、ガソリンエンジンでは1000℃を超える高温の排気に可動ベーンがさらされるため、一段と優れた耐熱合金が必要になり価格も高額になります。そのためガソリンエンジンでの採用例は少ないものの、効果は確実にありますから、今後は増える可能性があります。

ターボを性格づけるA/R比

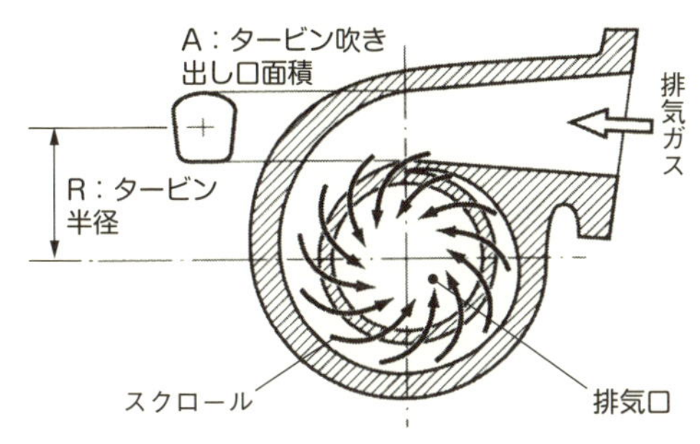

A/R比とは、タービンの吹き出し口の面積をタービンの半径で割った値のこと。排気ガスの時間あたりの流量が少ないと、排気圧は高まらずタービンを勢いよく回せない。タービン吹き出し口の面積をすぼめれば、少ない流量でも勢いよく回転させられるようになるが、排気流量が増えてくると増加した排気圧に対応できなくなる。

VGT(可変容量ターボ)のカットモデル

可変ノズルのベーン角を変えることによって、タービンに送り込まれる排気ガスの流量を調整して、排気圧が最適になるようにしている。

VGTの差動原理図

〈低回転域〉
ノズルベーンを閉じることで排気圧力をアップし、タービン回転を上昇させ過給圧アップを図る

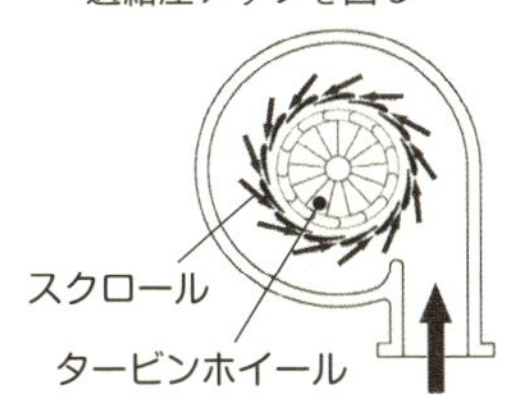

〈高回転域〉
タービンの回転が上昇するにつれて徐々にノズルベーンを開くことで、排気圧力を低下させる

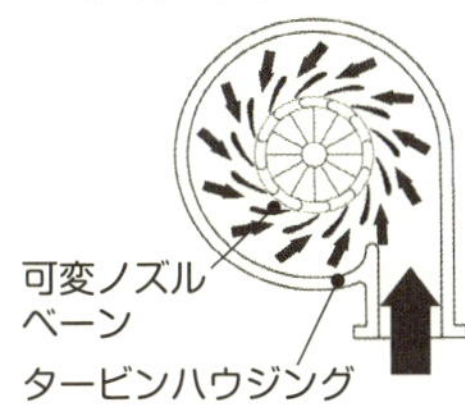

スクロールの内周に角度を変えられるノズルを設け、ノズルのベーン角を変化させてA/R比を変えられるようにしている。

POINT

◎A/R比が大きいのは大流量、小さいのは小流量向き
◎吹き出し口断面面積が小さいと流速が増す
◎大流量から小流量まで対応する可変のVGTもある

3-3 ターボラグ改善のためのいろいろな工夫(2)　ツインターボと2ステージターボ

吹き出し口の面積がターボの性格を決定し、その面積を変えられるようにすることでターボラグを改善できることはわかりました。そのほかにも対策はありますか？

◪ターボを2つ使うツインターボ、2ステージターボ

ターボラグを改善するためには、タービンやコンプレッサーのインペラーほか回転部分の質量を減らせればよいので、軽量かつ耐熱性のある合金が使われます。コンプレッサー側はタービン側ほどには高熱にならないので、金属ではなくCFRP製のインペラーも出ています。それでも材質面や形状の工夫には限界があります。手っ取り早いのはターボを小さくすることです。これで回転部分の質量は小さくなり、応答性をよくすることができます。しかし、これでは高速高回転時の大きな過給に対応できません。そこで登場したのが小さいターボを2つ設ける「ツインターボ」です。4気筒なら2気筒ずつ、6気筒なら3気筒ずつを受け持ちます。また、小さめのターボと大きめのターボを直列に並べて運転状況により使い分ける「シーケンシャルツインターボ」というものもあります。「2ステージツインターボ」ともいいます。低速時など流量が小さいときは小さいターボを作動させ、高速時など流量が大きくなったら大きいターボも作動させるのです。

◪スクロール内を2分割したツインスクロールターボ

ターボのカタツムリ型をした部分をスクロールといいますが、これを2つに分割して使う「ツインスクロール」というタイプもあります。流量が小さいときには片方のスクロールだけを使って流速を増して応答性を上げ、流量が大きくなったら両方のスクロールを使います。このとき直列4気筒なら片方のスクロールは1番・4番、もう片方のスクロールは2番・3番のシリンダーとつなげます。これは排気圧力が他のシリンダーの影響を受けないようにするものです。たとえば1番が排気行程のとき4番は圧縮行程にあり、バルブは閉じている状態にありますから影響を受けないというわけです。

ターボと他の種類のチャージャーを組み合わせる方法もあります。フォルクスワーゲンが最初にダウンサイジングエンジンとして発表した「TSI」ではターボチャージャーとスーパーチャージャーを直列に組み合わせたものでした。高負荷時などで適宜にスーパーチャージャーを働かせるものです。しかし、今後はスーパーチャージャーではなく、電動ターボとの組み合わせになっていく情勢です。

ツインターボの例

直列6気筒エンジンにターボチャージャーを2基搭載。3気筒を1つのターボが担うことでより小径のターボで対応できるようにして、応答性を確保するようにしている。

2ステージツインターボの例

大小2つのターボを搭載し、低速時や低負荷時には小さいほうのターボを稼働させ、流量が増えたら大きいターボも稼働させる。

ツインスクロールの構造図

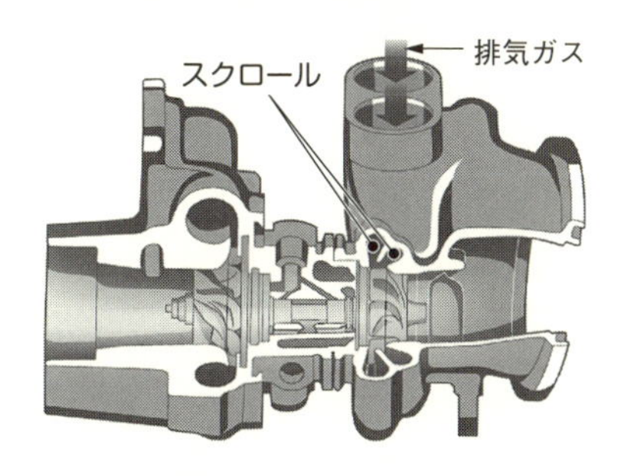

排気ガスの流量が少ないときは、スクロールを片方だけ使い、流量が増えたら両方のスクロールを使うことで、ターボラグを改善している。

POINT
- ◎回転部分の軽量化でターボの素早い反応を
- ◎2つのターボを使い分けて小流量から大流量まで
- ◎排気ターボと電動ターボの組み合わせも有望

スーパーチャージャーと電動ターボ

ターボチャージャーは排気ガスを駆動源としています。排気損失を有効利用しているわけですが、それをあえて電動にするメリットはあるのでしょうか？

◩スーパーチャージャーは低回転からの応答性がよい

スーパーチャージャーは本来ターボも含めた広く過給を意味する言葉ですが、通常はターボと区別するため機械式の過給機を指しています。ターボチャージャーはエンジンの排気を利用して駆動しますが、スーパーチャージャーは直接エンジンからベルトを介して駆動されます。機械的な動きですから比較的低回転からの応答性がよいのが特徴です。ただし大容量にすると効率が悪化するため、ターボとはすみ分けができています。低回転域ではスーパーチャージャー、高回転域ではターボと両方を併用する場合もあります。現在のスーパーチャージャーはリショルム型といって、ひねりのある縦長のギヤの噛み合いを高速回転させて吸気を圧縮する方式がほとんどです。

◩電動ターボは第3のターボとして今後普及が進みそう

今第3のターボとして採用が進んでいるのが電動ターボです。電動スーパーチャージャーとか電動コンプレッサーとも呼ばれます。ターボの駆動を電気モーターで行うので最高のレスポンスが得られます。モーターはゼロ回転から瞬時に最大トルクを発揮するのが特徴ですから、ターボラグを補うのに最適です。ただし、電力を多く消費するのでロスが大きく、過給をすべて電動ターボのみで行うには難があります。そのため、ターボとの組み合わせで使用することになります。実際に電動ターボが働くのは数秒からせいぜい5秒以内になりそうです。このようにターボラグの改善目的なら電動ターボは最適で、今後さらに普及していくと思われます。

ターボと組み合わせる場合、電動ターボをコンプレッサーの上流に配置するのか、下流に配置するのかの選択があります。上流では温度が上がっていない空気が来るので、電動チャージャーが受ける熱の負担は軽くすみます。下流の場合はターボで圧縮され温度の上がった空気が来ることになります。しかしその間に前述したインタークーラー（3-1項参照）を入れて温度をある程度下げることはできます。下流のほうがエンジンに近いので、レスポンスはよいと考えられます。なお、電動ターボには必ずバイパスが設けられており、働かないときにはそこを通らずに通常のターボだけが働くようになっています。

スーパーチャージャーの透視図

図はリショルムスクリューローター方式。らせん状の溝を持つ2つのローターの間に空気を取り込み、軸方向に送りながら圧縮する。

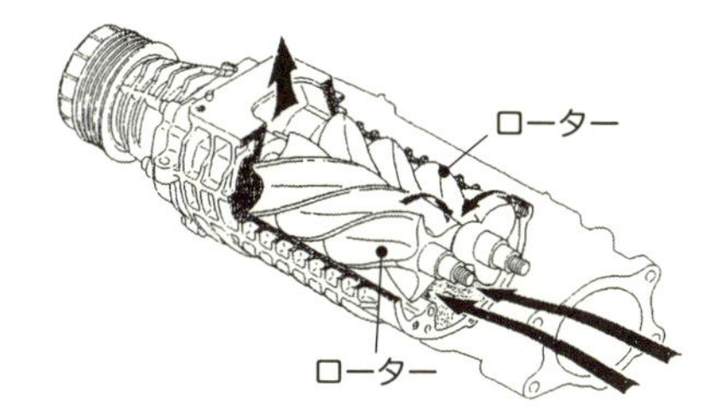

電動ターボ

電動ターボの特徴は、電気モーターの特性を生かした応答性の高さ。ただし、大容量の過給では効率が落ちるため、ターボと組み合わせて使う方法が一般的になる。

ターボチャージャーと電動ターボの組合せの例

低回転時には電動スーパーチャージャーが稼働してターボチャージャーの働きを補うが、排気圧が十分にある高回転のときには休止する。

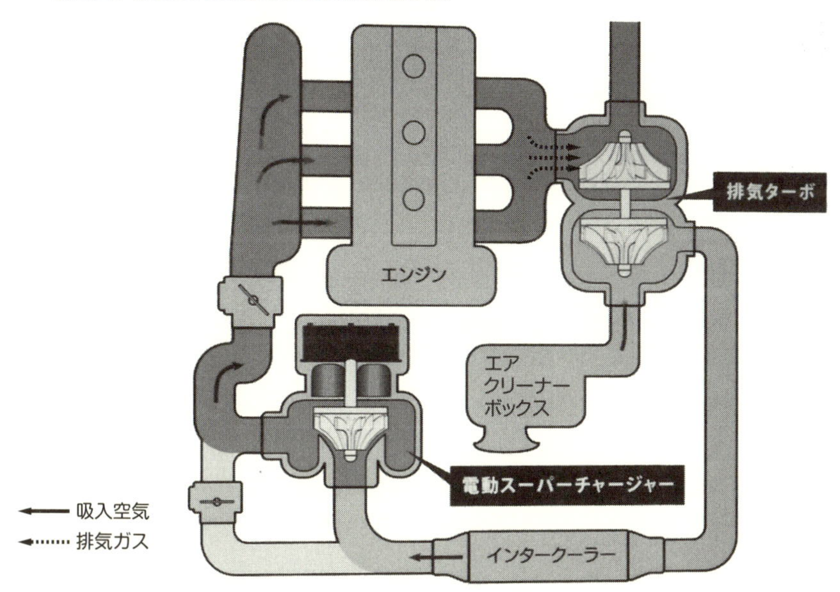

POINT
- ◎排気ターボのラグを補うのに電動ターボは最適
- ◎電動ターボの配置には排気ターボの上流と下流がある
- ◎出力を高めるインタークーラーはターボに必備

三元触媒（NOx吸蔵還元型三元触媒）

ガソリン車にはほぼすべてのクルマに三元触媒が装備されています。これによりCO、HC、NOxの3つの排気ガスが還元されていますが、どのような仕組みで処理をしているのですか？

◩正確な酸素センサーの登場を背景に実用化された

現在のガソリン車には排気ガス浄化装置として三元触媒が使われています。1980年初頭に実用化されましたが、背景には正確な計測ができるO_2（酸素）センサーが製造できるようになったこと、そしてそれに伴ってキャブレターから燃料噴射への転換があったとされています。それによりエンジンの空燃比を精密に制御できるようになったわけです。

ガソリンエンジンの排気ガスで問題になるのは、一酸化炭素（CO）と炭化水素（HC）と窒素酸化物（NOx）です。これらをいっぺんに浄化できるのが三元触媒の特長です。有害な排ガスが以下のように処理されます。

一酸化炭素（CO）　→　二酸化炭素（CO_2）
炭化水素（HC）　→　水（H_2O）＋二酸化炭素（CO_2）
窒素酸化物（NOx）　→　窒素（N_2）

このように、三元触媒が完全に働けば排出されるのは人体に無害なCO_2と水と窒素になります。CO_2は温暖化の原因とされていますが、ガソリンを燃やす以上C（炭素）そのものをゼロにはできません。CO_2の形で排出されますが、これを減らすには燃費をよくすることしかありません。CO_2の排出と燃費が直結していることはすでに述べたとおりです。

◩わずかに希薄になっただけでNOxが浄化できなくなる

三元触媒は正確な理論空燃比（14.7）で効果を発揮するものです。わずかにリーン（希薄）になっただけでNOxは大幅に増えてしまいます。逆に空燃比がわずかに濃くてもHCとCOは大幅に増えてしまいます。このように三元触媒を有効に働かせるには空燃比のコントロールが非常に大切なのです。ディーゼルエンジンに三元触媒が使えないのは、基本的に希薄燃焼（リーンバーン）だからです。また、三元触媒は温度が適正でないと有効に働きません。したがってエンジンを冷間始動した場合など、できるだけすぐに300℃以上に触媒が暖まるように配慮されています。なお、実際の触媒作用を行うのは白金、パラジウム、ロジウムなどのレアメタルを微粒化したもので、これを担体に付着させています。

三元触媒の効果

三元触媒のセラミックスの格子内には右図のように触媒成分がコートされている。大容量の酸素を貯蔵するCZ担体の表面に微細な白金がまかれており、これにより酸素を排気ガス成分と反応させてNOx、CO、HCを無害なN_2、CO_2、H_2Oに還元する。CZとはセリア(CeO_2)とジルコニア(ZrO_2)の固溶体で、酸素濃度を最適に調整して触媒活性を促進する。

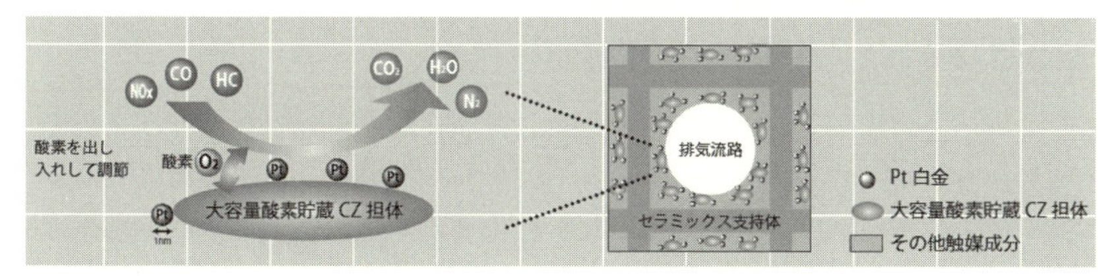

排気モジュール(ステンレス鋼)

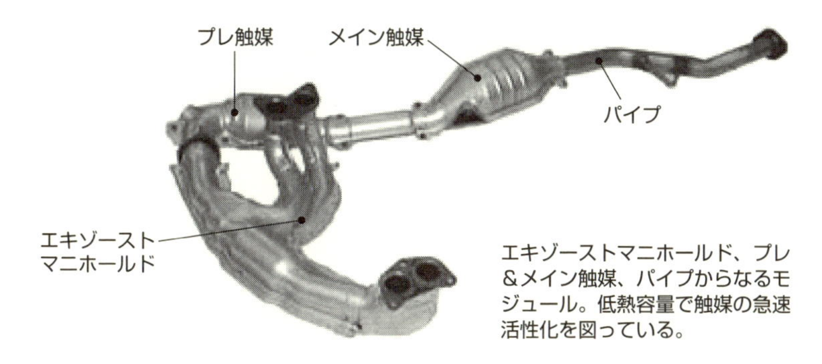

エキゾーストマニホールド、プレ&メイン触媒、パイプからなるモジュール。低熱容量で触媒の急速活性化を図っている。

触媒一体二重管エキゾーストマニホールド(ステンレス鋼+鋳鉄)

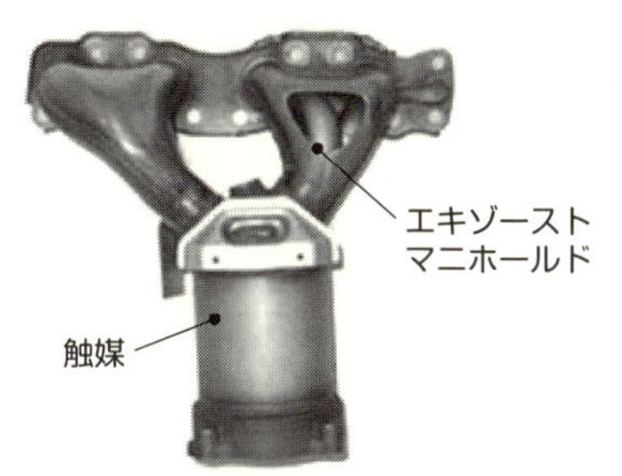

エキゾーストマニホールドと触媒の一体構造により触媒の早期活性化を図っている。薄肉で低熱容量の内管とそれを保護する外管により構成されている。

POINT

◎三元触媒はCO、HC、NOxの3つを還元して無害化する
◎燃やせばCO_2は必ず出る。減らすには燃費の向上しかない
◎三元触媒の有効な作動には適正温度が必要

PMとNOx

PMは呼吸器疾患を起こす恐れがあり、NOxは環境に悪影響を及ぼすと聞いています。これらはどのような状況のときに発生しやすくなるのですか？

◩ PMは不完全燃焼になると発生しやすい

ディーゼルエンジンで問題となる排気ガス成分、PMとNOxについてもう少し詳しく見てみましょう。まずPMですが、PMは粒子状物質といわれ空気中にも存在します。粒径が2.5μm（マイクロメートル＝ミクロン）以下のものはPM2.5として中国からの飛来が懸念されるなど、環境問題として話題になっています。自動車から排出されるPMは不完全燃焼により生ずるススが大半を占めるので、ススと同義と考えてもよいでしょう。いずれにしろPMは人体に有害で、肺の奥にまで達するため気管支炎やぜんそくといった呼吸器疾患を起こす原因になるとされています。

ディーゼルは圧縮着火の筒内直接噴射ですから燃料を噴射すると霧状から気化していき、そこから燃焼が始まり、広がっていきます。しかし、後のほうで噴射された燃料は十分に霧化、揮発せずに残ってしまい、これが蒸し焼き状態でPMになると考えられています。高負荷時にはより濃い燃料を噴くので、PMの発生も増えます。現在は噴射圧力が高く、インジェクターも微粒化した噴霧が可能になりました。さらに過給圧も上がり、燃料も空気と出会う比率が高まったことなどから、PMの発生は大幅に減りましたが、DPFなどの後処理装置は必要です。

◩ 燃料の濃さと燃焼温度の高さの影響がPMとNOxで真逆

NOxは窒素酸化物の総称です。xは1だったり2だったりする変数で、つまりNO（一酸化窒素）やNO_2（二酸化窒素）などです。NOxは紫外線で光化学反応を起こし光化学スモッグを発生させます。また酸性雨の原因になるほか人体にも悪影響を及ぼします。エンジンでNOxが発生するのは、吸気（空気）の中の窒素がエンジンの燃焼行程で酸素と化合するためです。空気が多ければ（希薄であれば）発生しやすく、また温度が高ければ発生しやすくなります。

PMとNOxの特性を見比べると、PMは燃料が濃いほど、また燃焼温度が低いほど発生しやすくなり、NOxはその逆で、燃料が薄いほど、燃焼温度が高いほど発生しやすくなります。つまりPMを減らそうとするとNOxが増え、NOxを減らそうとするとPMが増えてしまう関係にあるわけです。これがPMとNOxはトレードオフの関係にあるというもので、両方を減らすことの困難さを表すものです。

PMの模式図と蒸気状態の物質

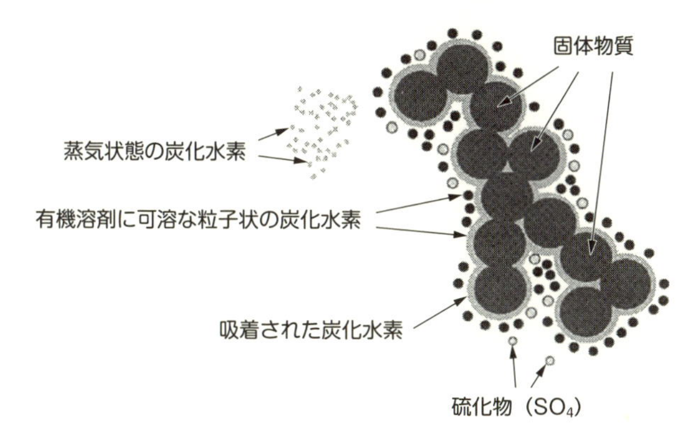

NOxの正体

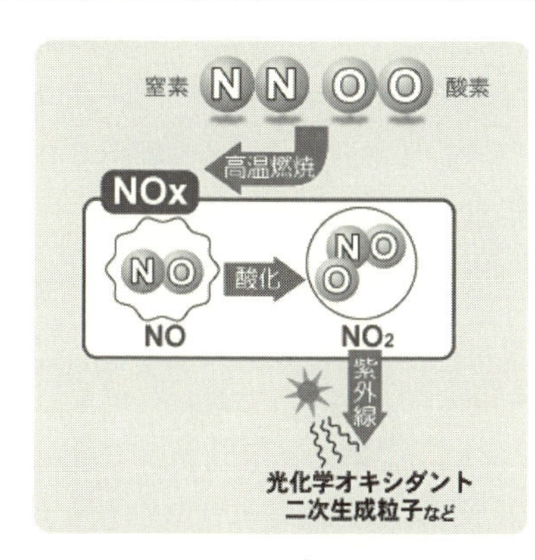

空気中には窒素と酸素があるので、エンジン内で混合気が高温で燃焼すると窒素酸化物(NOx)が発生する。それはNOであったり、それがさらに酸化したNO_2であったりする。これらの混合物がNOxの正体。

NOxとPMはトレードオフの関係

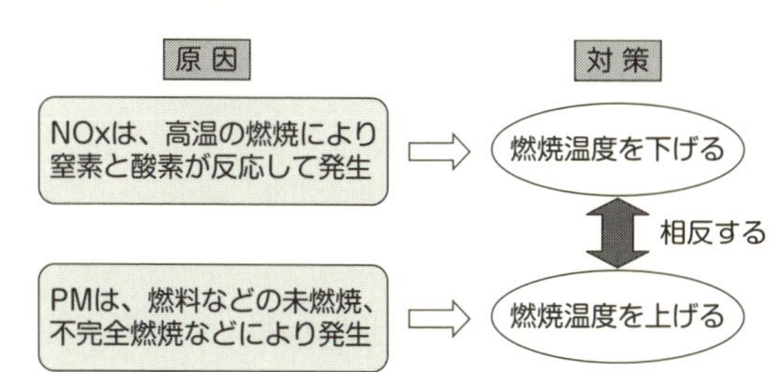

NOxを低減するためには燃焼温度を下げたいが、PMを低減するためには燃焼温度を上げたいと、対策が相反するものになる。これがNOxとPMのトレードオフの関係。そのため両者を低減するためにはNOx触媒やDPF、それぞれが必要になる。

POINT

◎PMは大半がススで燃焼温度が低いと発生しやすい
◎NOxは窒素酸化物の総称で燃焼温度が高いと発生しやすい
◎PMとNOxは燃料の濃さでも逆の反応でトレードオフの関係

3-7 ディーゼル用触媒（DPF、尿素SCR、NOx吸蔵触媒、酸化触媒）

ひところディーゼルエンジンの排気ガスが問題視され、ディーゼル乗用車が見られなくなったことがありました。ディーゼル車にはどのような触媒が使われていますか？

◩ PMに対しては濾過紙で不純物を濾すのと同じ原理のDPFを使う

ディーゼルエンジンの排気ガス後処理装置は、燃料や燃焼が違うのでガソリンエンジン用の三元触媒は使えません。ディーゼルの排気ガスで特に問題となるのはPMとNOxです。

そこで、PM用としてはDPF（ディーゼル・パティキュレート・フィルター）が使われます。格子状の部屋を設けて、そこを排気ガスが通過するような構造になっています。濾過紙で不純物をこすのと同じ原理で、微細な穴を通るときにPMを補足します。ただし、補足したPMはそこに溜まっていきますので、そのままでは目詰まりを起こしてしまいます。そこで、ある程度PMが溜まったら高温にして燃焼させます。もちろんその時期や燃焼温度はコンピューターにより制御されています。

◩ NOxに対しては尿素水を噴霧する尿素SCRが主流に

一方NOxに対しての処理は尿素SCRを使うのが主流になっています。SCRとは、セレクティブ・キャタリティック・リダクション（選択式還元触媒）の略称です。尿素SCRは尿素水をその手前の排気経路に噴霧し、加水分解によりアンモニアを発生させ、そのアンモニアで酸素と結びついた窒素をSCR触媒にて還元して無害な窒素と水に変換するものです。噴霧する尿素水は純水に高純度の工業用尿素を溶かした無色透明の無害な水溶液です。通常「アドブルー」と呼ばれていますが、これはドイツ自動車工業会の登録商標です。このアドブルーは走るたびに消費されるので定期的な補充が必要になりますが、通常定期点検時に補給するレベルとされています。アドブルーのボトルを買って自分で補充することもできます。

NOxに対する触媒は尿素SCRだけではなく、NOx吸蔵触媒（NOxトラップ触媒）もあります。これは触媒表面にNOxを吸着させるものです。吸蔵したNOxが満杯になったらポスト噴射などによりリッチ状態で燃焼させて還元浄化します。ただし定期的に濃い燃料を噴射するので燃費の悪化が懸念され、浄化率も尿素SCRには及ばないとされています。ディーゼルの排気ガスで問題になるのはPMとNOxですが、COやHCも排出されます。そのため酸化触媒も使用します。それほど大きな容積をとらないので、DPFと一体になっている例が多いといえます。

DPF（ディーゼル・パティキュレート・フィルター）

PMを捕捉し、溜まると燃焼させて無害化する。

尿素SCRシステムの構成図

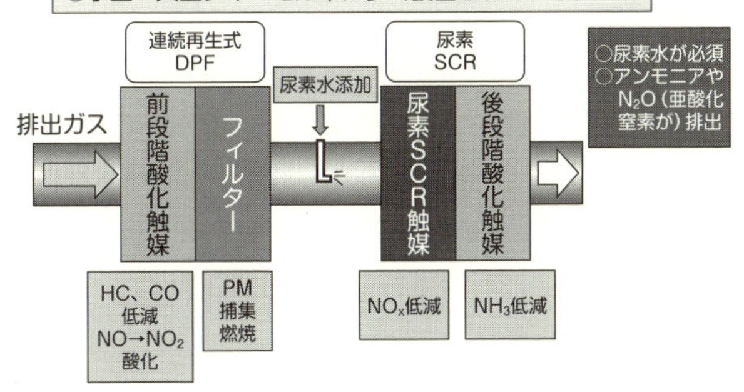

HC-SCRシステムの構成図

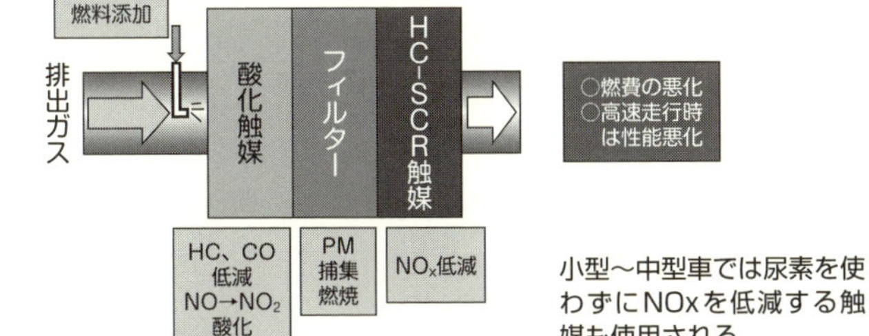

小型〜中型車では尿素を使わずにNOxを低減する触媒も使用される。

POINT
- ◎ディーゼルのPM対策にはほとんどがDPFを採用
- ◎NOx対策は効果の高い尿素SCRが主流に
- ◎COやHC対策には酸化触媒も使われる

コモンレールシステム

ディーゼルエンジンの進化・発展にはコモンレールシステムが大きく寄与したと聞いています。このコモンレールシステムとは、どのようなものなのですか？

◩ユニットインジェクターからコモンレールシステムへ

ガソリンエンジンがキャブレターから電子制御の燃料噴射に変わったのと同じくらいに、ディーゼルエンジンを進化させたのが電子制御コモンレールシステムといえます。コモンレールそのものの発明は1914年と古いのですが、当時は機械式で一時使われたもののその後は使われませんでした。かつて一般的に使われた噴射方式はカムにより高圧の燃料をインジェクターに送るものでした。後年にはポンプで加圧した燃料を個別のインジェクターに送って噴射する「ユニットインジェクター」も登場しましたが、日本の自動車部品メーカー、デンソーが1995年に電子制御コモンレールを初めて開発しました。最初に搭載したのは日野自動車のトラック用ディーゼルエンジンで、乗用車も含めてディーゼルエンジンは一気にコモンレールの時代になりました。今のディーゼルはほぼすべてがこの方式を採用しています。

◩回転数に依存せずに超高圧の燃料噴射が可能

コモンレールシステムは各気筒のインジェクターに配られる高圧の燃料配管を共用するものです。配管といっても筒状の中空の鋳物で高圧に耐えられるものです。機械式では噴射の時期や期間が決まってしまい、噴射圧も数百気圧と低いものでした。しかも機械式の燃料加圧ポンプはエンジン回転数に依存していましたから、低回転では高圧が得られませんでした。

コモンレール方式は、これら諸問題を画期的に改善しました。まず、高圧燃料ポンプで燃料を高圧に加圧しコモンレールに送り保持しておきます。各気筒のインジェクターはタイミングを計ってこの高圧燃料を噴射します。噴射圧は乗用車用では当初から1000気圧（10MPa）を優に超えていましたが、現在では2000～2500気圧にもなっています。ちなみにガソリン直噴の圧力は一桁小さい200気圧程度ですから、ディーゼルの噴射圧がいかに高圧であるかがわかります。超高圧の噴射ではより微細な噴霧でよりよい燃焼をさせることができます。また、噴射のタイミングを自由にそして複数回に分けて噴射することも可能です。これにはもちろんインジェクターの進化が伴ってのことですが、電子制御のコモンレールシステムは燃焼を改善し、排気ガスの低減にも出力の向上にも大きく貢献しています。

コモンレール燃料噴射システム

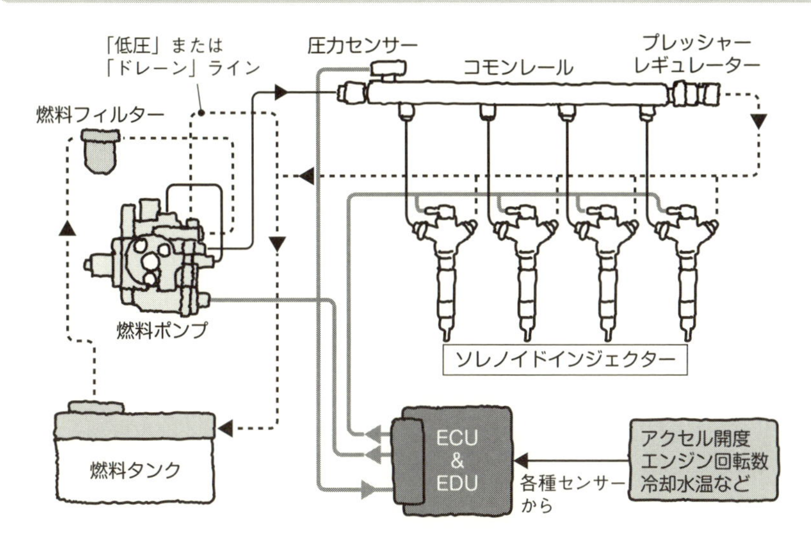

高圧ポンプのカット写真

噴射圧は当初から1000気圧を優に超えていたが、現在では2500気圧前後まで高められている。高圧ポンプはそのような高圧に耐えながら燃料を正確に送り込むことが求められている。

コモンレール

高圧ポンプから送られてきた燃料をインジェクターに送る前にいったん溜めておく燃料配管がコモンレール。ここから必要に応じていつでも高圧の燃料をインジェクターに配る。

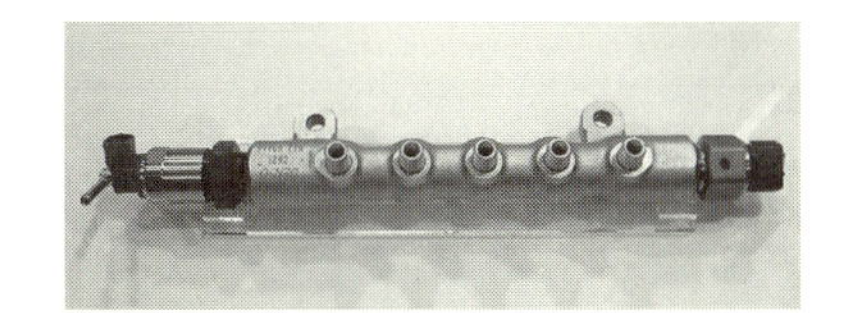

POINT

◎ディーゼルを劇的に進化させたコモンレール
◎コモンレールは高圧に耐えられる筒状の中空鋳物
◎現在では2500気圧を超えるシステムも

高圧多段噴射とは

コモンレールとインジェクターの進化で高圧の噴射を可能としたディーゼルエンジンでは、多段噴射が行われているとのことですが、多段噴射にはどのようなメリットがあるのですか？

◩超高圧とインジェクターの進化で噴射の多段化が進む

コモンレール式になったことに加え、インジェクターの性能も向上し、超微粒化による良好な混合気を自在に作れるようになった現在のディーゼルエンジンでは、多段噴射を行っています。通常5段噴射が行われますが、運転状況によりさらに増やすことあります。特にピエゾ式インジェクターではソレノイド式の1/4の細やかさで制御が可能になっています。メインとなる噴射の前後にわずかな噴射をするわけですが、それぞれに意味があります。たとえば5段噴射ではパイロット噴射、プレ噴射、メイン噴射、アフター噴射、ポスト噴射となります。

一番最初のパイロット噴射は圧縮行程の終わり近く、上死点前60°あたりで少量を噴きます。圧縮途上ですのですぐに着火はせずに予混合が進み、よい燃焼を生むものになります。この燃焼で燃焼室の温度は上がります。プレ噴射はメイン噴射の直前で噴射され、メイン噴射の着火遅れを小さくするほか、燃焼初期の圧力上昇を緩やかにし、振動や騒音を改善します。いわゆるディーゼルノックといわれるガラガラ音はパイロット噴射とプレ噴射の効果で大幅に改善されました。また、PMやNOxの発生も抑えられます。なお、プレ噴射といわずメイン噴射前の噴射はすべてパイロット噴射の1つとする言い方もあります。メイン噴射は出力を発揮する噴射です。この噴き方も最初から一気に最大吐出にするのでなく、立ち上がりを緩やかにするなどの制御を行うこともあります。メインの直後のアフター噴射は燃え残った燃料を完全に燃やすために行います。これも排ガスのクリーン化に貢献します。ポスト噴射は行程の中ではだいぶ遅いタイミングで噴射されます。これはシリンダー内での燃焼ではなく、排気ガスの後処理装置の温度を上げるための燃焼用で、すなわちDPFに溜まったススを燃やすための噴射になります。

◩メイン噴射前後の噴射にはそれぞれ意味がある

ディーゼルエンジンでは、噴射圧力が最大2700気圧、噴射回数最大10回といったシステムも登場しています。パイロット噴射をマルチに行い着火安定性を図ったり、アフター噴射を何度も行ったり、よりよい燃焼を得ることで排気ガスの低減と振動や騒音の低減を図っています。

燃料噴霧のイメージ図

現在のディーゼルエンジンでは多段噴射が一般的になっている。メイン噴射の前後のごく短い時間の間に微量の燃料を噴出することで、騒音や振動の軽減をはじめNOx・PMの低減、ススの燃焼などを行っている。また、燃料を最適な時期に最適な量を最適な形になるよう噴霧することで、燃料の燃え残りや酸素の残留をなくし、燃費の向上や排気ガスのクリーン化を進めている。

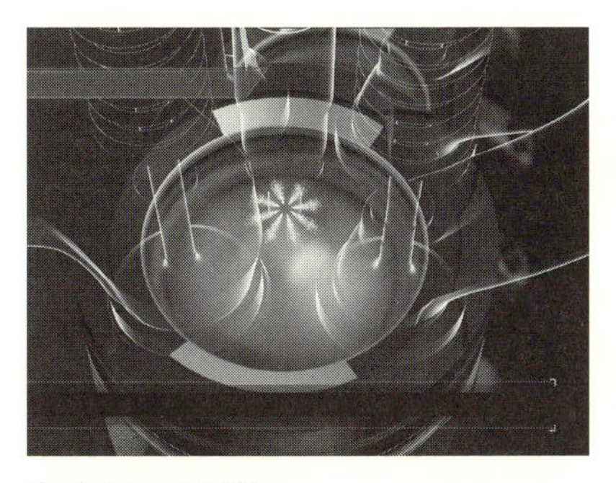

①パイロット噴射
ディーゼルの多段噴射イメージ。まずパイロット噴射が行われる

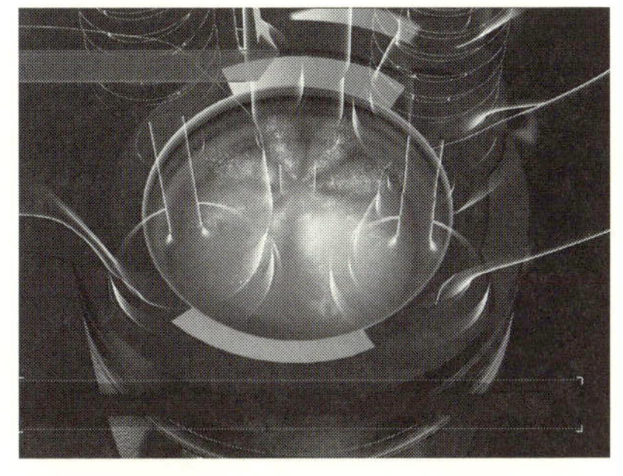

②プレ噴射
続いてプレ噴射があり、これにより燃焼室外周から燃焼が始まる

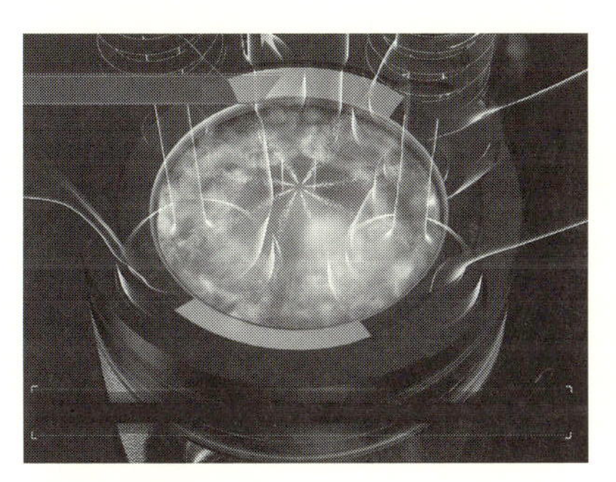

③メイン噴射
ある程度燃焼が進んだところでメイン噴射が長めになされる。これにより燃焼は本格化する

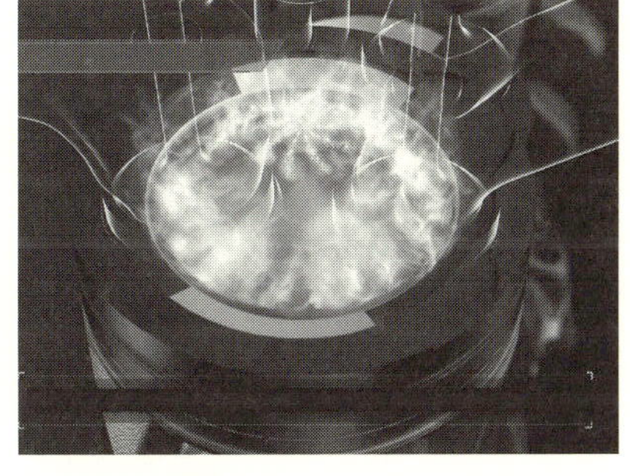

④アフター噴射
まだ燃焼が終わらないうちにわずかなアフター噴射が行われる。ここにはないがさらに遅い段階でポスト噴射が行われるのが普通

◎コモンレールとピエゾ式インジェクターで噴射を多段化
◎プレ噴射で着火遅れの改善や振動・騒音の低下
◎多段噴射は排気ガスのクリーン化にも貢献

インジェクターの種類と特徴

燃料噴射システムの要となるインジェクターは、どのような構造を持っているのですか？　またガソリンエンジン用とディーゼルエンジン用では違うのですか？

◪ガソリン用より一桁高圧なディーゼル用インジェクター

インジェクターは燃料を噴射する部品で、ガソリンエンジンにもディーゼルエンジンにも使われ、制御部とノズル部を持つ基本構造は同じです。ガソリンエンジンにはポート噴射用と直噴用があります。直噴用は圧縮圧の高いところに噴射するのでより高い噴射圧が求められますが、それでも200気圧前後程度です。圧縮比が高く燃料の性状も異なるディーゼル用では一桁高い2000気圧前後の圧力で燃料が噴射されます。高圧で細やかな制御を行うため、より精巧・堅固な作りになっています。かつてのディーゼルエンジンの噴射システムは列型とか分配型とかの機械式でしたが、現在はすべて電子制御式に置き換わっています。高圧ポンプとインジェクターを一体化したユニットインジェクターもありますが、現在のディーゼルエンジンはほとんどがコモンレール式を採用し、電子制御で細やかな制御を行っています。インジェクター構造はノズルボディ内にニードルバルブが入っており、普段はテーパー状のニードルの先端がノズルボディに押しつけられてふさいでいます。噴射時はニードルバルブを引き上げて隙間を作り、この隙間から高圧の燃料が噴射されます。ノズル部の穴は1つではなく、多孔にしてより微細化や方向性を持たせるなど工夫されています。

◪電磁ソレノイド式と圧電素子を使ったピエゾ式がある

制御部はコンピューターによる制御信号でニードルバルブを指定の時期、時間、量で引き上げるように働きます。この方式にはソレノイド式とピエゾ式があります。いずれの方式も直接ニードルバルブを引き上げるのではなく、制御バルブを作動させ高圧燃料の経路を切り替えることで燃料の圧力を利用してニードルバルブを引き上げています。ソレノイド式は電磁石による磁力で制御するもので、広く使われてきました。ピエゾ式はピエゾ素子を使って作動させます。ピエゾ素子とは日本語では圧電素子といわれるもので、電圧を掛けると容積が変化する性質を持っています。緻密で素早い制御ができるので多段噴射に向いているうえ、インジェクター上部の制御機構を小さく軽量化できるメリットもあります。ただしコストはソレノイド式よりも高くなります。

インジェクター

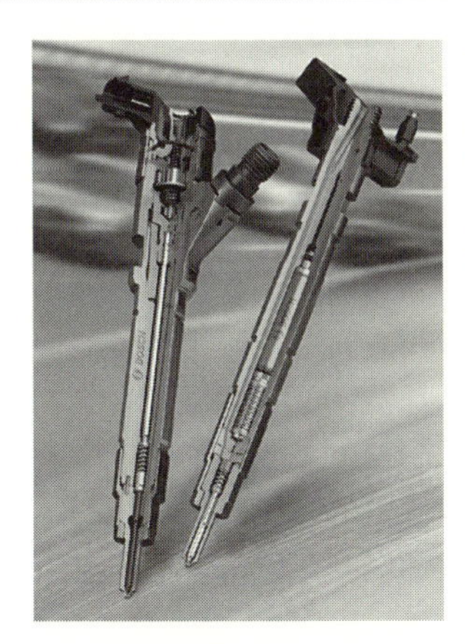

ディーゼルエンジンのインジェクターには、ソレノイド式とピエゾ式の2種類がある(下図参照)。ソレノイド式はいわば電磁石により噴射をコントロールするのに対して、ピエゾ式は電圧により体積が変化するピエゾという圧電素子を使った方式で、緻密で素早い制御をしている。

ソレノイド式(左)とピエゾ式(右)の構造の違い

インジェクターは、通常の状態ではニードルバルブで噴射孔をふさいでいる。噴射のタイミングがきたらニードルバルブを引き上げることで噴射孔が開き噴射される。ソレノイド式とピエゾ式はこのニードルバルブの引き上げをソレノイドで行うのかピエゾ素子で行うのかの違いである。なお、ソレノイドで直接引き上げるのではなく、ニードルバルブを高燃圧で押さえている部屋の圧を抜くことで引き上げる。

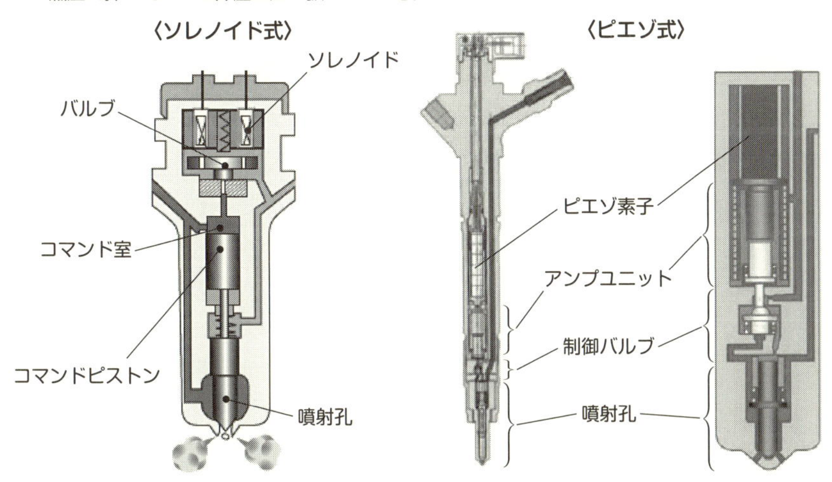

POINT
◎ディーゼル用はガソリン用より一桁噴射圧が高く、制御もきめ細かい
◎ニードルバルブを引き上げることで燃料は噴射される
◎電磁力でなくピエゾという圧電素子でバルブを作動させる

アイドリングストップの意義

短時間の駐停車でのエンジン停止の啓蒙から始まったアイドリングストップは、燃費改善の有効な手段の1つになっています。簡便なものですが、何か課題はありますか？

◩燃費にも環境にも優しい一石二鳥のアイドリングストップ

当初アイドリングストップが話題になったのは、休憩のための駐車や短時間の停車時に「エンジンを止めましょう」という啓蒙運動からでした。これは排ガス対策を主したものです。もう1つは燃費改善が主であるアイドリングストップで、移動途中などに信号で一時的に停車したときに、エンジン回転を自動的に止める機構です。アイドリングストップ中は燃料を消費しないため燃費が向上するとともに、排気ガスを出さないので環境にも優しく一石二鳥の装置といえます。現在ではクルマにとって必備の装備となり、軽自動車から高級車まで新型車でアイドリングストップ機構を装備していないクルマはほぼなくなりました。それはますます厳しくなる燃費規制やユーザーの燃料代低減への期待から当然といえます。最初にこの機構を採用したクルマについては諸説ありますが、オイルショック以後に採用の機運が生まれ採用するクルマが現れました。しかし広く普及するには至りませんでした。その後日本においては改正省エネ法に基づく目標値の設定が1999年に導入され、2007年、2013年と順次改訂されるなか、アイドリングストップ機構の採用は急速に広まり、2010年代に入っては当然の装備となってきたわけです。

◩バッテリー強化やエアコンの効き対策の課題も出てくる

アイドリングストップは燃費向上と排気ガス低減に有効ですが、その一方で課題もあります。まずエンジンの再始動には大きな電力を使うとともにオルタネーターが発電を止めるので、バッテリーを強化しなければなりません。また、エアコンのコンプレッサーをエンジンで駆動している場合は作動が止まります。通常は送風のみに切り替わりますが、天候の状況によっては車内温度は大幅に上昇します。もちろんその場合にはブレーキを緩めたりステアリングを切ったりすることで簡単に再始動できます。はじめからオフスイッチを装備している車種もあります。

ところで、このアイドリングストップというのは和製英語で、欧州では「オートマチック・スタート／ストップ」といってAを回転矢印で囲んだマークが使われています。国やメーカーにより「アイドル・ストップ・スタート」とか「オート・スタート・ストップ」などいろいろな呼び方が使われています。

アイドリングストップの様子

減速中にアイドリングストップが作動する条件を満たすと、アイドリングストップ表示灯が点灯(左)。Dレンジに入れたままブレーキペダルを踏んで停止すると、エンジンは自動的に停止する。その際、アイドリングストップ表示灯は点灯したまま(中)。Dレンジのままブレーキペダルから足を離すと、エンジンは再始動し、走り出すとともにアイドリングストップ表示灯は消える(右)。

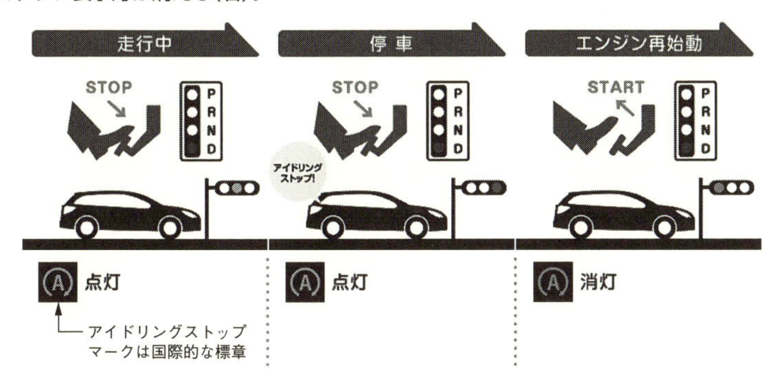

アイドリングストップの課題

アイドリングストップ機能が作動すると、ゴーストップの多い街中走行などでは、そのつどエンジン停止と再起動が繰り返される。そのためバッテリーには高い充電性能と優れた放電性、耐久性が求められる。

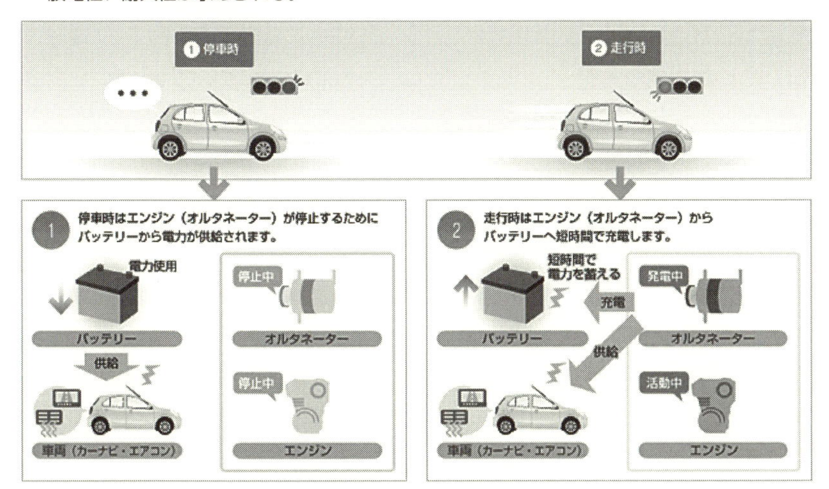

POINT

◎アイドリングストップは駐停車時の手動ストップから
◎燃費と排気ガスのために有効、今や必備の装備
◎アイドリングストップの装備で生じる課題もある

エンジン再始動の課題と解決の方向性

エンジンは止めるのは簡単ですが、再始動には大きな電力が必要で振動・騒音も起こりやすいという状況があります。その難を解消するために、どのような方策が講じられていますか？

◩スターターのピニオンギヤをリングギヤに押し込む

アイドリングストップからエンジンを再始動させる方法にはいろいろな方式があります。最もスタンダードな方式で広く採用されているのは、最初のエンジン始動と同じスターターモーターを使って始動させる方式です。これは回転するスターターモーターの軸のピニオンギヤを、エンジンのフライホイールの外側に設けてあるリングギヤに押し込むことでエンジンに回転を与え再始動させます。ピニオンギヤを押し込むのは別途に設けたレバーで、マグネットスイッチにより作動します。スタータースイッチをオンにすると、モーターが回転を始めるとともにこのレバーのマグネットスイッチによりレバーが押し込みの作動をします。このようにその都度機械的にギヤを動かしてかみ合わせますが、トランスミッションのギヤのかみ合いのように同軸上でのギヤのかみ合いでなく、2軸のギヤをかみ合わせるのでシンクロメッシュ機構はありません。ギヤのかみ合い時にギヤ鳴りが起きるなどギヤがかみ合っても急激ゆえにショックが出やすく、スムーズに再始動するには難があります。最初の始動だけなら気にならなくても、再始動を繰り返すアイドリングストップでは振動・騒音が気になりがちな方式です。

そこで、できるだけショックを避け振動や騒音が少ない再始動の方法がいろいろ考えられて登場しています。次項でその方式を説明します。

◩ハイブリッド車はアイドリングストップを基本的に装備

ところで、ハイブリッド車では車両の駆動用モーターがエンジンの始動を行いますから、エンジンの再始動はスムーズに行われます。モーターで走り始めながらエンジンを始動するなり、最初はモーターだけで走り始めてその後クラッチをつないでエンジンを始動するなり、いかようにもコントロールできます。エンジンとの接続は基本的にクラッチによるのでスムーズに行われます。それでも急に負荷が増えるのでスムーズな走行が損なわれることが考えられますが、モーターのトルクをコントロールすることでそのショックをやわらげ、違和感がないようにしています。比較的出力の大きいモーターを持ったハイブリッド車は、基本的にアイドリングストップの機能を初めから持っており、後付けで装備する必要はありません。

スターターモーターの作動図

スターターモーターの軸に取り付けられているピニオンギヤは、通常はリングギヤ（フライホイールの外側に付けられてエンジン始動用ギヤ）とは接していない。スイッチが入るとピニオンギヤが押し出されてリングギヤとかみ合うとともに回転する。

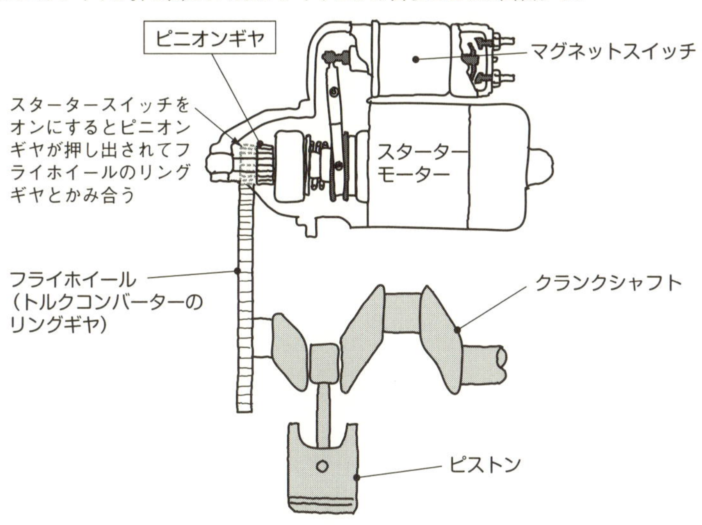

ホンダシビックハイブリッドの構造図

エンジンとミッション（CVT）の間にモーターが置かれている。このモーターの働きにより再始動はスムーズに行われる。

POINT

- ◎ピニオンギヤをリングギヤに押し込む方法はスムーズではない
- ◎エンジンは止めるのは簡単だが再始動には課題は多い
- ◎ハイブリッド車は駆動用モーターでスムーズに再始動

オルタネーターを利用した再始動方式

ピニオンギヤをリングギヤに押し込むといった機械動作を伴う再始動はスムーズさに欠けるため、新しい再始動方法が行われるようになったそうですが、それはどのようなものですか？

◩コスパの高いオルタネーターでの再始動方法

ピニオンギヤをリングギヤに押し込むといった動作を避けてスムーズにエンジンを再始動させる方法として、コストパフォーマンスが高いのはオルタネーター（交流発電機）を再始動用モーターとしても使う方法です。オルタネーターは回転力を与えれば発電しますが、電力を与えればモーターになります。発電機とモーターは実は同じものなのです。それはハイブリッド車やEVの駆動モーターが減速時に回生を行うことと同じです。オルタネーターはエンジンと常にベルトでつながっており、再始動するにはオルタネーターをモーターとして働かせれば回転をスムーズにエンジンに伝えることができます。これを最初に採用したのは日産・セレナで、この駆動も行うオルタネーターを「ECOモーター」と呼んでいます。スズキも同方式を軽自動車で採用し、このシステムを「エネチャージ」と命名し、モーター機能付き発電機として「ISG（インテグレーテッド・スターター・ジェネレーター）」と呼んでいます。なお、このオルタネーターを使用した再始動方法を採用しても、従来のスターターモーターも装備しています。アイドリングストップからの再始動は、あくまでもエンジンが暖まった条件のよい状態です。極寒の朝にエンジンを初めて始動するような状況には対応しておらず、すべてをベルト駆動のオルタネーターモーターで行うには無理があるからです。

◩発電・再始動に加えエンジンアシストも行う

スズキは軽自動車からこの方法を採用し、当初は発電した電力を専用バッテリーに充電するだけでしたが、その後強化したISGを採用しわずかながらエンジンのアシストをする「Sエネチャージ」を出しました。さらに、この方式を大型化して普通車にも採用し、これを「マイルドハイブリッド」と名付けました。このようにISGでエンジンに回転を与えるということは、それを走行中に行えばエンジン駆動をアシストすることになり、その規模は小さくとも機構としてはハイブリッドといえるからです。実際に駆動のアシストは体感できるレベルにはなく、知らず知らずのうちに燃費の向上にわずかながら貢献しているといった程度です。いずれにしろシステムをハイブリッド化すれば、再始動のスムーズさは確保されるわけです。

日産・セレナに搭載されたエンジン

日産はオルタネーター(交流発電機)を再始動用モーターとして使うことでエンジンをスムーズに再始動できるようにした。日産では駆動を行えるオルタネーターをECOモーターと呼んでいる。

ECOモーター

スズキマイルドハイブリッド

モーターの機能を発揮するオルタネーターを当初の補助的な使い方から発展させて、エンジン駆動をアシストできるようにした。このシステムを「マイルドハイブリッド」と呼んでいる。○で囲んだ部分がISG。

POINT

- ◎オルタネーターはベルト駆動でスムーズな再始動
- ◎オルタネーター方式はあくまで再始動用
- ◎再始動に加えわずかながらエンジンアシストも

タンデムソレノイド式スターターモーター

エンジン側のリングギヤが完全に止まる前に再始動させようとするとスターター側のピニオンギヤがうまくかみ合わないという問題が生まれます。この問題を解消する機構はあるのですか？

◩車両が停止する前にアイドリングストップに入る

アイドリングストップは車両が停止してからエンジンを止めるというのが普通でしたが、燃費向上の追求はとどまるところを知らず、停車する前にエンジンを止める車種も出てきました。たとえば車速が13km/h以下になるとエンジンが停止するというようにです。しかし、信号機の手前で減速してエンジンが停止したものの、車両が停止する前に信号が青に変わって再びアクセルを踏み込むといった状況では、エンジンを再始動しなければなりません。エンジンはストップの制御がなされても、惰性で回るので完全に回転が止まるには約1秒を要するといわれます。その間に再始動しようとすると、普通ではリングギヤとピニオンギヤがうまくかみ合いません。リングギヤも回転しているためピニオンギヤとの回転差が大きいためです。無理やり入れると異音を発したりギヤを痛めたりします。

◩リングギヤの回転を勘案してピニオンを押し出す

それに対応したのがデンソーの「タンデムソレノイドスターター、略称TSスターター」です。普通のスターターではソレノイド（コイル）は1つで、スイッチオンで通電とピニオンの押し出しを同時に行います。TSスターターはソレノイドを2つ持ち、1つがモーターへの通電用、もう1つがピニオンの押し出し用で、それぞれ独立して制御されます。再始動の指令が出るとリングギヤの回転速度を測り、それに応じたタイミングでピニオンギヤを押し込みます。たとえばエンジン回転がまだ高いときにはまずモーターに通電してピニオンギヤの回転を上げ、リングギヤの回転に近づけてからピニオンギヤを押し込みます。また、エンジン回転が低いときにはピニオンギヤを先に押し出して続いてモーターに通電します。

このTSスターターは軽自動車から採用が始まり、停車前からの再始動を可能としましたが、普通車では車両が停止してから燃料をカットする車種もあります。この場合、普通のスターターモーターでは車両が停止した瞬間にブレーキを緩めても、まだエンジンは惰性で回っているので、完全に止まるのを待ってからの再始動になり最低でも0.8秒は掛かっていました。TSモーターではエンジンの回転が残っていても再始動可能なので、常に0.4秒以内で再始動できるわけです。

タンデムソレイド式スターターモーターの作動行程図

エンジンを再始動させる場合、エンジンが完全に停止してからではないとできなかった。リングギヤとピニオンギヤには回転差があることからかみ合わず、無理にかみ合わせようとするとギヤを痛める恐れがあった。デンソーは従来1つだったピニオンギヤ用モーターに回転を制御するモーターを追加、このモーターで回転を同期させることによって問題を解消し、即時始動ができるようにした。

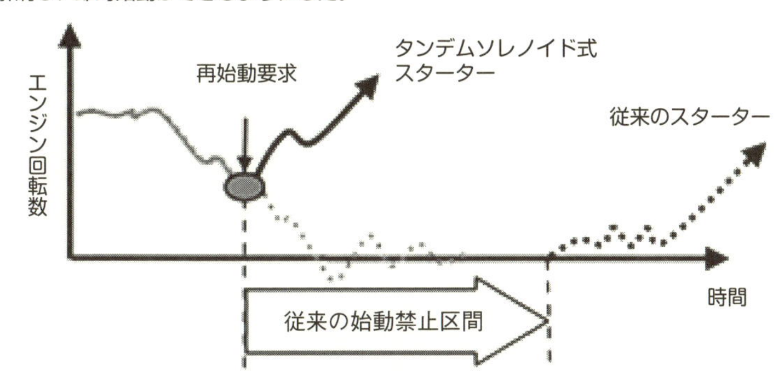

タンデムソレイドスターターと従来のスターター

〈タンデムソレノイド式スターター〉

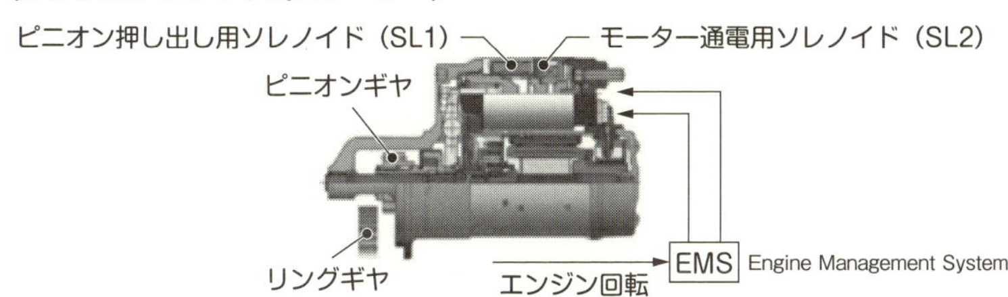

2個のノレノイドによりピニオン押し出しとモーター通電の個別制御が可能

〈従来のスターター〉

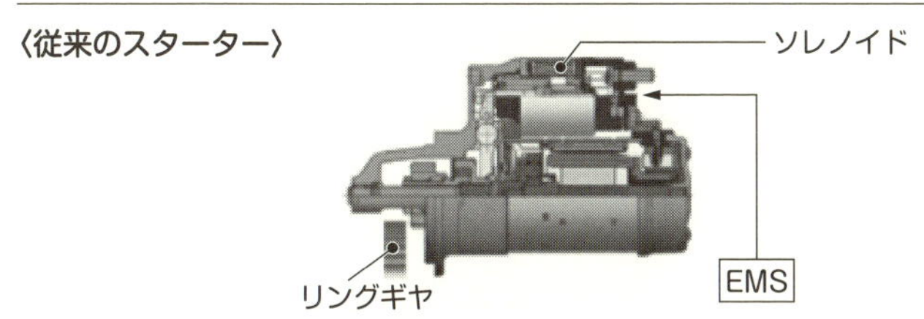

1個のソレノイドによりピニオン押し出しとモーター通電は連動

POINT
◎エンジン切っても回転が止まるのは約1秒後
◎スターターを回すのとピニオンを押し込むのと2つのソレノイドを持つ
◎エンジン側とスターター側のギヤの回転をシンクロ(同期)させる

i-stopって何?

素早い再スタートを可能にしたユニークなアイドリングストップ機構があるとのことですが、それはどのような発想から生まれたシステムなのですか?

マツダの「i-stop(アイストップ)」は新発想から生まれたユニークなアイドリングストップ機構です。どこがユニークかといいますと、結果的にはスターターモーターをわずかながら使いますが、「直噴エンジンなら燃焼行程にある気筒に燃料を噴いて点火すればエンジンは回り出すのでは」という発想から生まれたところです。なお、基本的に直噴エンジンだけが対象になります。その再始動プロセスは

①再始動指示(AT車ではブレーキオフ、MT車ではクラッチペダル踏込み)により、膨張行程で停止している気筒に燃料を噴射するとともにスターター駆動を開始。
②燃料と空気が混合するわずかな時間を待って点火。
③次に燃焼する気筒が圧縮上死点を超えた後、混合気に点火。
④以降の燃焼行程に入る気筒を連続して燃焼させて回転を立ち上げ再始動。

という手順を踏みます。

以上のように最初にスターター駆動はするものの、同時に気筒内へ燃料を噴射していち早く点火することで、エンジン自身で回り出すように促しているわけです。ただし、実際にはそう単純ではなく、重要な制御を必要とします。まず、再始動を確実に行うためにはエンジンを停止させる際に気筒内に残留している排気ガスを減らし、新気の濃度を高めておく必要があります。ただし、そのためにスロットルを開けたままにしていると、圧縮反力による回転数変動でエンジンは不快な揺れを起こします。そこで、燃料カット直後にいったんスロットルを開けて筒内を掃気し回転数が低下してからスロットルを閉じる制御をしています。

◩エンジン停止時のピストン高さも制御

もう1つはピストンの停止位置の制御です。これは停止中のエンジンの気筒は大気圧になっていると考えられますので、最初の2回の燃焼行程に入る気筒のピストン位置が重要になります。最初に燃焼行程に入る気筒は、停止していた箇所から動き始めますので圧縮がありません。したがって燃焼しても燃焼圧力は十分ではありません。2番目に燃焼行程に入る気筒も圧縮行程は途中からで本来の圧縮比は得られていません。そのため上死点後40〜100°の範囲でピストンが停止するように制御しています。

i-stopの作動図

スターターで駆動すると同時に、エンジンを素早く再稼働させることで、アイドリングストップ機能を実現。直噴エンジンならではの機能である。

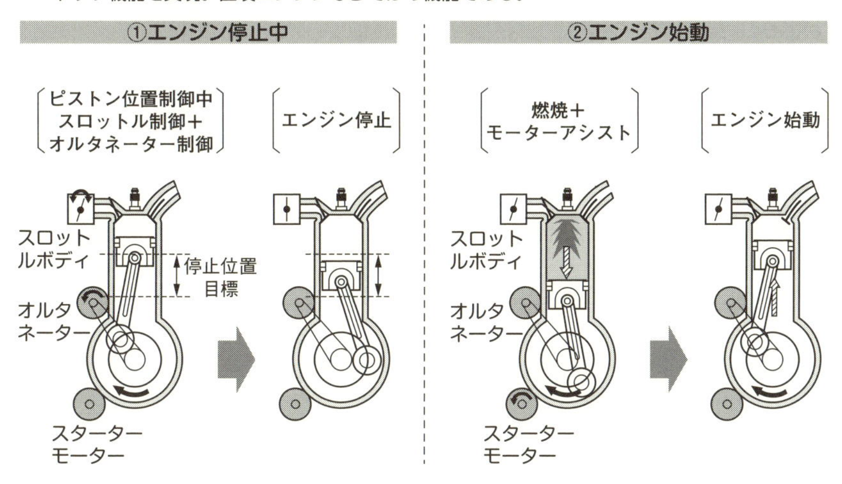

i-stopのエンジン停止時のイメージ

i-stopを可能にさせるために、停止する際には各気筒のピストンの位置がそろうように制御している。これによりクランキングの時間を短くした。

POINT
◎直噴なら燃焼行程の気筒に燃料を噴いて点火すればエンジンは回り出す!?
◎エンジンを止めるときには次のために気筒内をきれいに
◎最初の2回の燃焼行程のピストン位置が重要

その他のアイドリングストップ機構

これまでいくつかのアイドリングストップ機構についてお伺いしました。これら以外にも別な方式を用いたアイドリングストップ機構はありますか？

◪ヴィッツが初採用した常時かみ合い式の「スマートストップ」

2010年12月に発表された3代目のトヨタ・ヴィッツは新しい方式のアイドリングストップ機構を装備して登場しました。それはやはりエンジン側のリングギヤにスターターのピニオンギヤを押し込むという機械動作を避けるためのものでした。「スマートストップ」と名付けられたこのアイドリングストップ機構は、「常時かみ合い式」とうたったように、ピニオンギヤは最初からリングギヤとかみ合った状態にあります。そしてリングギヤの内側にワンウェイクラッチを設けています。ワンウェイクラッチというのは片方向はフリーですが反対方向はロックする機構で、ラチェットレンチなどでもおなじみの機構です。スマートストップではスターターモーターとつながっている外側のリングギヤと、エンジン回転軸と一体の内側フライホイールの間にワンウェイクラッチがあります。エンジンが停止している場合はスターターモーターを回すと回転力はエンジン側に伝わります。エンジンが始動して回転が上がり、リングギヤの回転がピニオンギヤの回転を上回るようになると、エンジンの回転力はワンウェイクラッチにより切断されます。スターターモーターは停止して待機状態になります。

◪エンジンの回転が完全に止まる前でも再始動可能

実は通常のスターターモーターにもピニオンギヤの脇にワンウェイクラッチは付いています。これも、エンジンが始動したときにピニオンギヤが外れる前に過回転しないようにするためですが、ローラーを使った小さなもので、頻繁にオンオフを繰り返すことを想定したものではありません。スマートストップのそれは大型で頻繁な再始動に耐えるものになっています。いずれにしろ、このスマートストップもエンジンが完全に停止しなくても再始動を行うことができる機構です。

アイドリングストップの装着が普及し始めた2010年前後は、再始動に掛かる時間をできるだけ短くしようとの機運がありました。そのためにi-stopのような直噴エンジンでなくても、最初に燃焼行程に入るピストンの位置を制御するなどの技術も使われました。その結果、現在のアイドリングストップでは、再発進するのに違和感のない0.4秒前後で安定して再始動するようになっています。

トヨタ・ヴィッツに搭載されたアイドリングストップ機構「スマートストップ」

従来の方式（飛び込み式）とは異なり、ピニオンギヤとリングギヤは常時かみ合った状態にある。その構造にしたことにより、素早い再始動が安定してできるようになった。

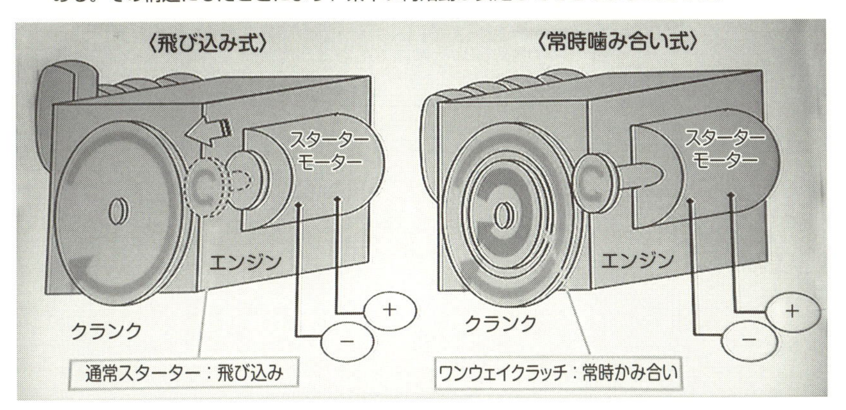

スマートストップのワンウェイクラッチ

リングギヤサブアッシーに組み込まれたワンウェイクラッチのカットモデル。スマートストップの要の部分である。これにフライホイールが取り付けられる。

◎リングギヤとスターターのピニオンギヤは常にかみ合ったまま
◎エンジンが再始動するとワンウェイクラッチでスターターとは切り離される
◎スムーズで安定した再始動が可能

COLUMN 3

全自動車メーカーがFCV開発に向かった！

現在FCV（燃料電池車）の販売に踏み切っているのはトヨタとホンダだけですが、かつてすべての自動車メーカーがFCV開発に取り組んだことがありました。そのキッカケを作ったのは、ダイムラー・ベンツでした。1997年、ダイムラーはベンツAクラスをベースに3代目になるFCV「NECAR 3」を発表しました。そのとき「2004年にはFCVを量産して市販する。2004年に4万台、2007年には10万台生産する」と宣言したのです。

その当時、すでに自動車業界は環境問題やエネルギー問題を抱えていましたが、FCVがその解決策として主流になるのかは判断しかねている状況でした。しかし、このダイムラーの宣言の衝撃は大きく、自動車業界、エネルギー業界に大きな意識変革が起き、一気にFCV開発の機運が生まれました。NECAR 3に使われていたFCスタックはカナダのバラード・パワー・システムズ社のもので、当時は技術的に先端をいくものと評価されていました。そこで、世界の多くの自動車メーカーがそのFCスタックを使いたいとしてバラード社に駆けつけたのです。トヨタのFCVも当初はバラード社のFCスタックを使っていました。このほかの日本のメーカーも基礎研究だけで終わったところもありましたが、ほとんどがFCVの実験車を作ってテストをした経緯があります。

そして2004年に向けた開発競争は、ダイムラーの当初目標は達成されませんでしたが、トヨタとホンダが約1年前倒しした2002年12月に同着で市販（といっても官公庁へのリース販売でしたが）にこぎつけました。FCV開発競争はこうして異様な盛り上がりで始まりましたが、結局その期待はしぼみ、現在日本でFCVに取り組んでいるのはトヨタ、ホンダ、日産だけになったのはご存知のとおりです。もちろん現在もダイムラーや当初から熱心だったGMはFCV開発を継続しています（スズキは2輪では継続）。

それにしても、現在の世界的なEVシフトを見るにつけ、このFCV開発の盛り上がりを、つい思い出してしまいます。

第4章

エンジンの主要要素と駆動系

The main elements of the engine and powertrain

ピストン・コンロッド・クランクの摩擦抵抗低減

エンジンにとってピストンからコンロッド、クランク、それらを収めるシリンダーはまさに中枢部分です。これらはどうやって摩擦抵抗を減らすようにしているのですか？

◩できるだけ軽く摺動抵抗も減らしたピストン

ピストンは高温・高圧を受けながら激しく上下に運動するパーツで、強靭さと軽量化が求められます。アルミ合金でできていますが、ピストン頂部はスカート下部と比べ高温になるので膨張率が大きく、寸法的にはやや小さめにしてあります。スカート部はサイドスラストの掛からないピストンピン軸方向はほとんどスカートがなく、直角方向のスカートも燃焼行程で大きなサイドスラストを受ける側のほうを長くするのが通例です。そしてサイドスラストの掛かる側のスカートには摺動抵抗を減らすため樹脂コーティングを施すのが一般的です。ピストンリングは自身の張力でシリンダー壁に押し付けられながら上下動するので、摺動抵抗の割合は大きく無視できません。そのため吹き抜けの起きない範囲で張力を弱めにしますが、そのためにはより真円度を高める必要があります。また、リングを薄くすることで軽くし、吹き抜けの原因になるフラッタリングというバタツキを防いでいます。

◩メタル幅を小さくして摺動抵抗を減らすコンロッドとクランク

コネクチングロッド（通称コンロッド）は、強度を保ちながらできるだけ軽量化したいパーツです。エンジンによってはチタン合金で軽量化を図る例もあります。大端部は通常組立式で、本体とキャップの間にメタルを入れて高張力ボルトで締め付けられています。メタル幅を小さくしたり小径化したりして摺動抵抗を減らすことが行われています。またメタルをニードルベアリングにすることもあります。クランクシャフトは熱間または冷間の鍛造で造られ、表面処理で強度を上げています。コンロッドと同様に摩擦抵抗の低減のためジャーナル部のメタル幅や径を縮小して摩擦を減らしています。

シリンダーブロックは、現在はアルミ合金で鋳鉄のライナーをはめ込んで造られています。大切な冷却水通路（ウォータージャケット）には方式があり、効果的な冷却が行われるよう工夫されています。ボア壁温が不均一だとボア径も不均一になり、結果的に摩擦抵抗が増えます。そのため特殊なスペーサーを水路にはめ込んで、各部の適切な冷却を図るアイデアもあります。また、エンジンの小型・軽量化の点からは、ボア間ピッチの縮小化やボア間肉厚の縮小化が図られています。

ピストンの全体写真および構造図

軽量化のため、横方向に押す力(サイドスラスト)が掛からない部分ではスカートをなくしている。スカート部分には潤滑油が付着しやすいように条痕仕上げを施すほか摺動抵抗の軽減を図って合成樹脂(プラスチック)をコーティングしている。

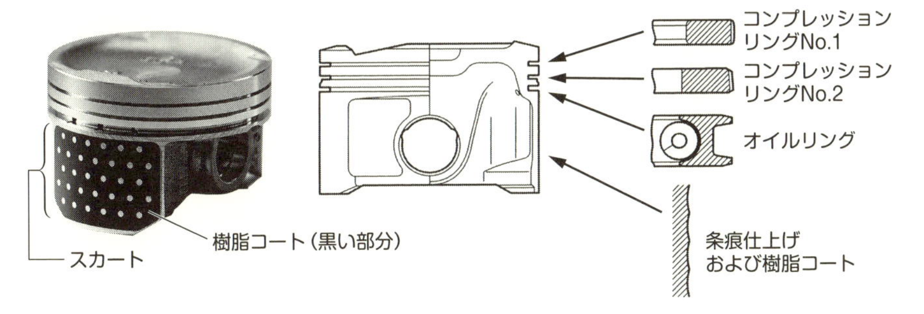

コンロッドとメタル

ピストンから生み出された力をクランクシャフトに効率よく伝えるため、コンロッドも軽量化が求められている。ただ強い力が加わることから強度を確保する必要があるため、チタン合金やアルミ鍛造品、あるいは製法転換などにより軽量化が進められている。コンロッドの大端部はクランクシャフトと連結されている。クランクシャフトとキャップの間に挟まるメタルはすべり潤滑の働きをしているが、抵抗の軽減を図って幅を狭くしたり、樹脂をコーティングしたりしている。

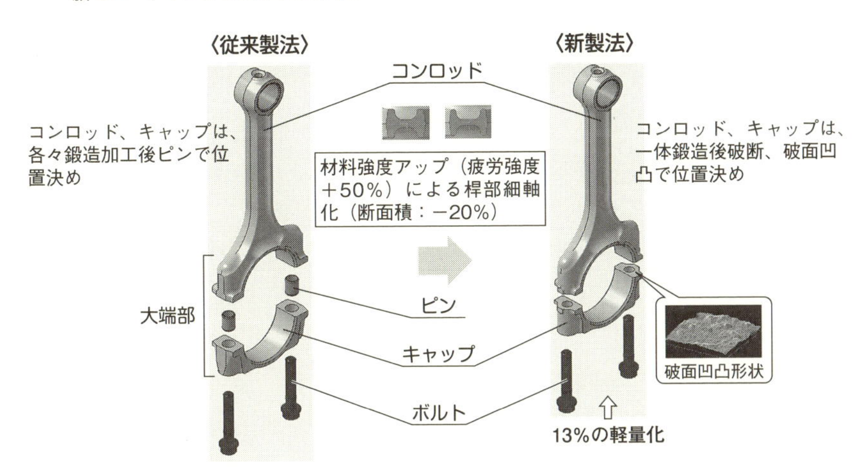

POINT
◎ピストンは軽量でリングとともに摺動抵抗を小さく
◎コンロッドとクランクの摺動メタルは幅低減で摺動抵抗低減
◎摺動抵抗低減と冷却損失低減を図った冷却水通路設計

バルブ駆動系の摩擦抵抗低減

動弁系は機構が複雑なだけに、摩擦抵抗は少なくありません。エンジンの高回転化に対応しつつ、どうやって摩擦抵抗を減らしているのですか？

◪バルブ駆動には直動式やロッカーアーム式がある

動弁系も摩擦抵抗が多い箇所です。バルブの駆動方式にはいく通りかあります。直動式はカムの山が直接バルブを押す方式です。実際にはバルブステムの上端にはバルブリフターが装着されており、カム山はそのリフターを押すことになります。ロッカーアーム式は支点が中央にあるので、カムはロッカーアームの端を押すことで反対側の端がバルブを押します。これに対して、カンチレバー式はレバーの端が支点になり、レバー中央をカムが押します。そしてレバー先端でこの動きをバルブに伝えて押し下げます。

直動式はカムとバルブの間に何も介さないので合理的に見えますが、カムはバルブリフターの上面をこすりながら押し込むので摺動抵抗が大きくなりがちです。カム山が高いとなおさら摺動距離は長くなり、抵抗は大きくなります。ロッカーアーム式の利点はカムとの接点部分をローラー式とすることができることです。これは摺動抵抗ではなく転がり抵抗ですので摩擦を大幅に減らせます。カンチレバー式も同様にカム山との接点をローラー化できます。今やローラーロッカーアームは普通に使われている技術になっています。

◪摺動摩擦を大幅に減らすDLCというコーティング技術

直動式やロッカー式でもローラー化してない場合は、バルブリフターに「DLC」という表面処理を行って摺動抵抗を減らしています。DLCとは「ダイヤモンドライクカーボン」の略で、非常に硬く摩擦抵抗を大幅に減らす効果のあるコーティング技術です。普通のDLCには水素が含有されており、それが性能を阻害するとして「水素フリーDLC」も確立されています。

バルブを押し下げるのに抵抗になる元はバルブスプリングの圧縮力です。高回転でバルブがジャンプしないようにバルブをバルブシートに押し付けています。バルブ自体を軽量化すればこのバルブスプリングは弱めに設定でき、ひいては抵抗を減らせるわけです。バルブステムの中空化やステムを細くするなどのほか、かつてはレース用で鉄よりも40％軽いとされるチタンバルブが、現在では量産車でも採用されることがあります。

バルブ駆動方式

直動式はカムがバルブを直接駆動する。バルブはカム山の高さの変動に応じて上下に動く。カンチレバー式は、レバーの端が支点になりカム山の動きに応じてもう一方の端がバルブを作動させる。ロッカーアーム式は、ロッカーアームの中央を支点にシーソーのように動いてカム山からの力をバルブに伝える。摩擦を減らせることから広く用いられている。

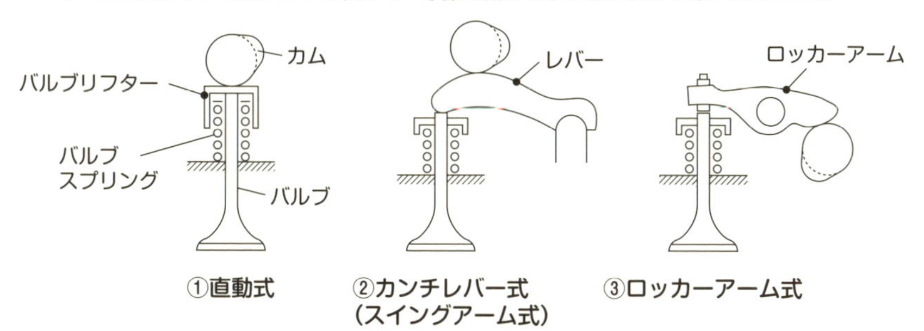

水素フリーDLCでコーティングされたバルブリフター

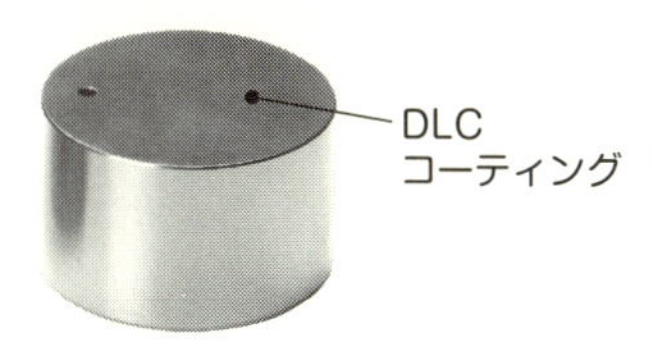

カムの表面粗さが原因で生じるフリクションロスを軽減するため、バルブリフターのカム山との当たり面に硬質薄膜処理が施されている。DLCコーティングもその方法の1つ。DLCにより形成された膜は、平滑さと表面の硬さ、固体潤滑性が優れていることなどから利用されるようになっている。ただ水素が含まれたものだと低摩擦特性が得られにくいことから脱水素化されたものが用いられている。

中空バルブ

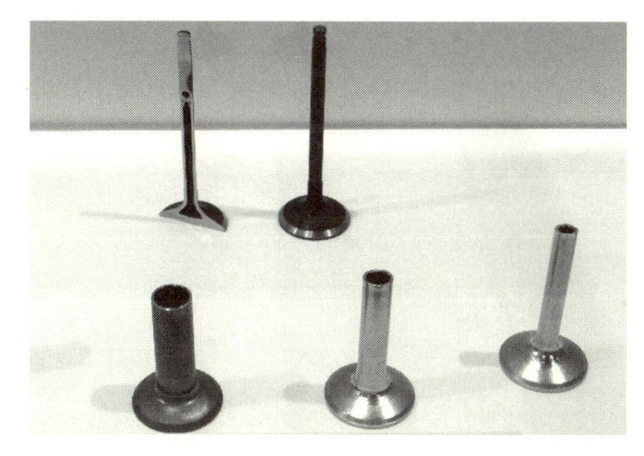

バルブの軽量化は、慣性質量の低減によるエンジンのより一層の高回転化やバルブスプリングのバネレートの軽減によるフリクションロスなどが期待できる。そのため材質転換やステムの小径化などが行われている。中空バルブもその一環。金属ナトリウム(ソジウム)を封入して冷却効果を高めている例もある。

POINT

◎バルブ駆動の摩擦低減にはローラーロッカーアームが有効
◎ローラー式でなければDLCコーティングが有効
◎バルブの軽量化はスプリング力を弱め摩擦抵抗の低減になる

その他のパーツの摩擦抵抗低減

カムシャフトの駆動に用いられるタイミングチェーンやウォーターポンプなどの補機類も摩擦抵抗は避けられません。どのようにして減らしているのですか？

◪オートテンショナーで摩擦を抑えながらチェーンを張る

カムシャフトの駆動にはたいていチェーンが使われています。クランクシャフトとカムシャフトのスプロケット間に掛かるこのチェーンのバタツキを防ぎ、たるみをとるのがタイミングチェーンテンショナーです。固定式テンショナーではチェーンが延びたり摩耗したりして張りが減少することを考慮して、初期のテンショナーの張力を高めに設定することになります。張力が高いと抵抗が増え伝達効率が落ち、チェーンの寿命を短縮させることになります。その点オートテンショナーはチェーンに延びや摩耗が生じても張力をほぼ一定に保ち、適正な伝達効率でチェーンの寿命を縮めることもありません。実際にチェーンに力を与えるレバーガイドは摩擦を小さく抑えるため樹脂製でローラーを組み込んだりしています。

◪ISG付きでは多機能なオートテンショナーが必要

エンジンは補機類の駆動をベルトで行っています。駆動される補機類は通常オルタネーター、ウォーターポンプ、エアコン用コンプレッサーなどです。このベルトも摩擦抵抗の低減のためには張力を必要最小限に抑えたいわけで、オートテンショナーを備えています。このオートテンショナーはエンジン運転中にベルトが緩む側、すなわちクランクプーリーの後方に配置されるのが普通です。しかし、オルタネーター兼再始動モーターのISGを装備している場合は、エンジン始動時にはベルトが張る側にオートテンショナーがあることになり、逆転します。したがって始動時にはベルト張力が急激に上がりオートテンショナーが大きく押し込まれ、その結果ベルトが一気に緩んでスリップする可能性があります。そのためテンショナー反力は一定以上なければならず、相反する機能がオートテンショナーには求められます。

トランスミッションのギヤには摩擦抵抗の低減のためニードルローラーベアリングが使われています。またギヤはスパイラルギヤ（斜歯歯車）ですからサイドスラスト（横向き軸方向の力）が掛かります。これを摺動抵抗として受け止めると摩擦抵抗が大きいので、ニードルローラーのスラストベアリングが受け止めています。またトルセン式のLSD内のギヤにもニードルローラーベアリングは、スラスト用も含めて使われています。

エンジン駆動部の構造図

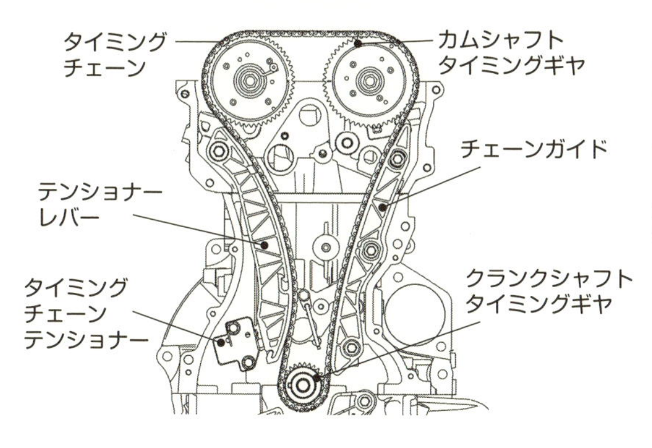

クランクシャフトに直結しているクランクシャフトタイミングギヤから駆動力を得て、タイミングチェーンを介してカムシャフトギヤが動く。駆動力を伝達するものとしてはタイミングベルトもあるが、最近ではチェーンのほうが優勢になっている。図はDOHCエンジン。

タイミングチェーンテンショナーの構造図

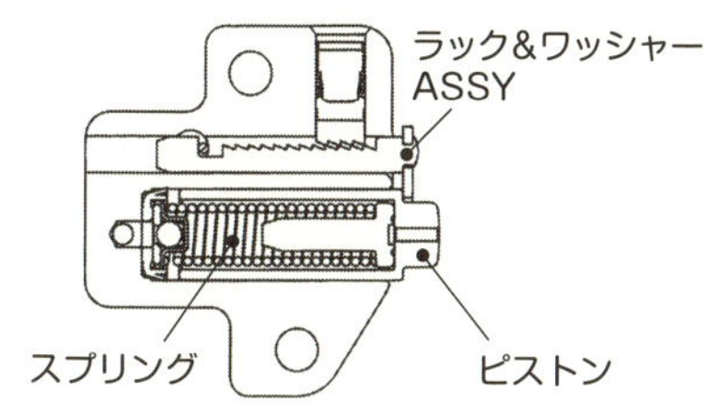

タイミングチェーンは使っているうちに延びていく。チェーンが延びると、最悪の場合歯飛びの原因となる。そこでテンショナーは、ばねの力でピストンを前に動かしテンションレバーを押し出すことで、タイミングチェーンに適正な張りを与えている。

ISG用テンショナー

スバルXVが採用した振り子式ベルトテンショナー。通常のスターターでの始動時とISGでの始動時とで、ベルトの張り位置を替える。

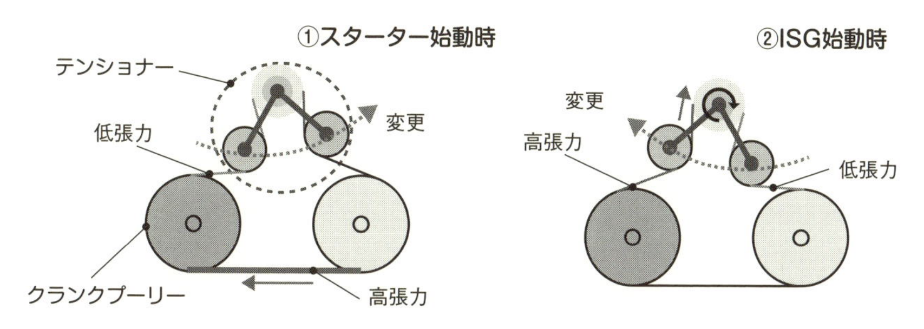

POINT
- ◎摩擦抵抗を抑えながらタイミングチェーンを張る
- ◎補機類の駆動ベルトも適切な張りで摩擦抵抗を低減
- ◎ミッションやデフのギヤもニードルローラーで抵抗を低減

ポンプの電動化（補機の電動化例）

ベルトを使って補機を駆動する場合、どうしても抵抗やロスが生じてしまいます。補機を電動化することで、これらの難を減らすことは可能でしょうか？

◩可変制御ができることが電動化の利点

クルマにはいろいろな補機がありますが、エンジンの力でそれを動かすとその分、エネルギーが削がれ損失になります。補機を電気で駆動してもエネルギーを使いますが、電動化のよいところはエンジン回転数に関わりなく可変制御ができることで、これにより損失を減らすことができます。また搭載場所の自由度が高いことも利点です。補機の電動化が進んでいるのはそのためです。すでにクーリングファンは電動が当たり前になっており、現在はウォーターポンプの電動化が進んでいます。ポンプに対しての要求性能がエンジン回転に比例しているわけではないからです。冷却能力不足はオーバーヒートを招きますし、余剰の駆動は損失になります。そもそもエンジンを冷間始動したときには冷却水を循環させる必要はありません。

ただエンジンの潤滑のためのオイルポンプは、ほとんど電動化の対象になっていません。必要とする油圧がエンジン回転数にほぼ比例しているからです。必要以上の油圧はリリーフバルブで逃がして損失を減らしています。オイルポンプの電動化には大きなモーターが必要でスペースの問題も出てきます。ところが、ハイブリッド車やアイドリングストップ車では、エンジンは止まっていてもトランスミッションは作動させる必要があります。そのため潤滑用ではなく油圧用の電動オイル（フルード）ポンプが使われます。これはそれほど大きなものではありません。

◩パワステも損失の多い油圧式に替わって電動化が進む

移動途上でエンジンを停止する車両にとってはエアコンの作動の問題があります。蓄熱装置を備えてある程度の時間は冷気を送風するシステムもありますが、時間的制限があります。コンプレッサーを電動化すれば快適性を損なわずに損失を減らせます。パワーステアリングは油圧式が普通でしたが、電動式が増えています。油圧式はエンジンの動力を使いますが、車庫入れなどのエンジン回転が低い低速時に大きなアシストが求められ、高速時にはアシスト量は少なめです。それに容量を合わせると高速時には余って損失が大きくなります。そこで可変容量型などの工夫がされた油圧ポンプもありますが効率としては限度があります。それで最近では直接モーターの力でアシストする損失の少ない電動式が増えています。

電動ウォーターポンプ

エンジンを円滑に稼働させるためには冷却水の循環は欠かせない。従来はエンジンから駆動力を得てウォーターポンプを回しているため、運動エネルギーの損失は避けられなかった。

電動式エアコンプレッサー

従来のエアコンプレッサーはエンジンの出力を削ぐ原因の1つとなっている。電動式にすることにより緻密な制御が可能になって、パワーロス削減に貢献している。

電動式パワーステアリング

従来の油圧式パワーステアリングから電動式にすることで、エンジン駆動力の損失が低減されるようになった。

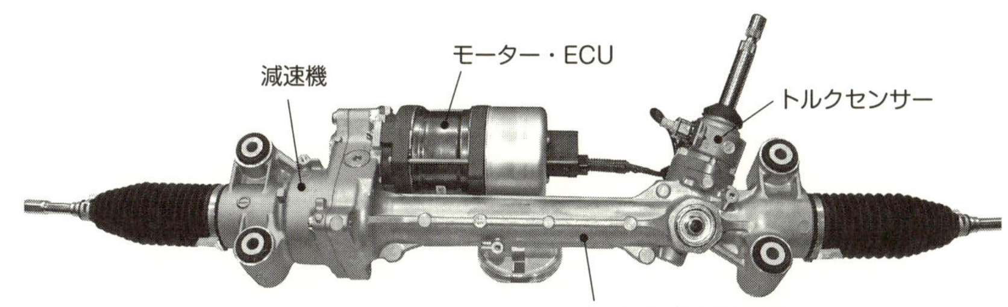

POINT
- ◎補機の電動化のメリットは可変制御できること
- ◎エンジンの潤滑ポンプは電動化の対象外
- ◎損失低減の効果高いパワーステアリングの電動化

トランスミッションの種類

トランスミッションにはMT、AT、CVTなどいろいろな種類があり、それぞれ長所や短所があると思います。それらはどのような構造になっているのですか？

◩MTの変速は軸とはまっているギヤを固定すること

MTはManual Transmissionの略です。通常2軸で、歯数の異なるギヤの組み合わせがそのトランスミッションの段数だけあり、それを切り替えることで変速します。2軸のギヤは常にかみ合っていますが、主軸（メインシャフト）のギヤは軸とギヤが固定されていないので、通常は空回りするフリーの状態です。ギヤを入れるということはそのギヤを軸に固定することです。軸とギヤには回転差があるので、そこにシンクロメッシュという機構を入れてスムーズにギヤを軸に固定できるようにしています。ATはオートマチックトランスミッションで、流体を使ったトルクコンバーター（トルコン）とプラネタリーギヤ（遊星歯車）の組み合わせで構成されています。トルコンにはクラッチの機能と若干の変速機能がありますが、主な変速はプラネタリーギヤが行います。中心のサンギヤと外側のリングギヤは自転を取り出しますが、中間のプラネタリーギヤは公転を取り出します。この3つの要素のうち1つを止めると他の2つの間で変速が行われます。アメリカではATは旧来から主流で、日本でも中・大型車によく採用されています。

◩プーリー径の変化で無段変速するCVT、クラッチ２つで自動変速のDCT

CVTは出力側と入力側のプーリー間にベルトを掛けて、テーパー状になっているプーリーの谷間の幅を変えることでベルトの掛かる位置を変えて変速します。CVTはContinuous Variable Transmissionの略です。本来は無段変速機の総称ですが、ほとんどがベルト式なのでCVTというとこのベルト式を指すことが多いのが実情です。DCTはDual Clutch Transmissionの略で、比較的新しいトランスミッションです。構造はMTをベースにしてクラッチを2つ装備したものです。クラッチを自動で作動させることにより2ペダルのオートマチック化を達成しています。たとえば車速が上がり2速から3速にシフトアップする場合、2速ギヤを外した瞬間に事前に構えていた奇数段用のクラッチが切れ3速へシフトし接続します。逆のシフトダウンでは、3速ギヤを外した瞬間に構えていた偶数用のクラッチが切れて2速へギヤダウンしてつなぎます。MTのように4速から一気に2速への飛ばし変速はできず、順を追って増速、減速を行っています。

MTの構造図

高剛性トランス
ミッションケース
ダイレクト
チェンジ構造
高回転対応
クラッチ
マルチコーン
シンクロナイザー
独立出力側
減速機構
強制潤滑システム
6速クロスレシオ設定

ステップアップ式ATの構造図

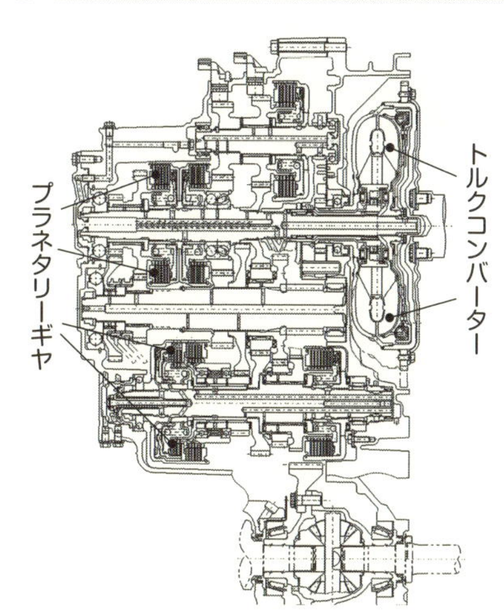

DCT機構の概念図

DCTには奇数段ギヤと偶数段ギヤの両方にクラッチが付いている。たとえば、3速ギヤが稼働しているとき、偶数段クラッチは2速もしくは4速に入れられるよう待機しており、シフトアップ(ダウン)した際には、瞬時に変速できるようにしている。

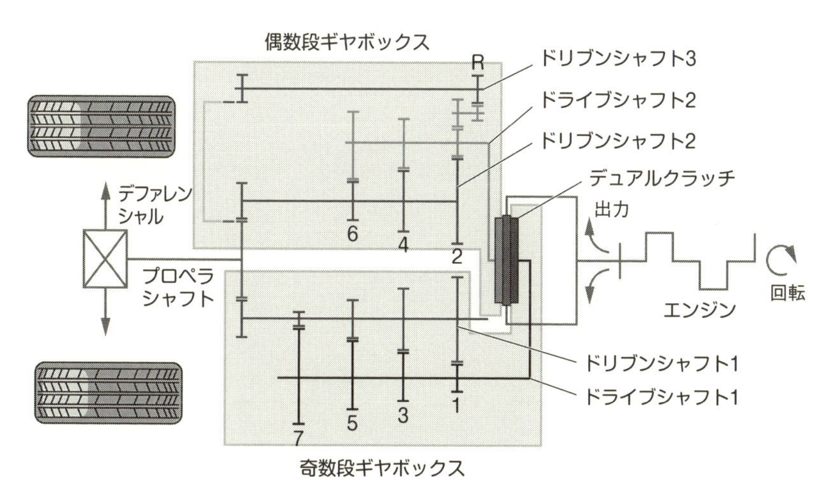

POINT
◎MTのギヤはすべてかみ合っているが、主軸とギヤはフリー状態
◎ATはクラッチ機能も持つトルコンとプラネタリーギヤで構成
◎次のシフトに備えて2つのクラッチが交互に構えているDCT

2-2 トランスミッションの多段化とロックアップ

ミッションギヤの段数が増え、最近では9段とか10段といった車種も見受けられるようになっています。低燃費化にとって、このような多段数化はメリットがあるのですか？

◩エンジンのトルク特性とクルマの要求トルクの違い

そもそもトランスミッションが必要なのは、エンジンのトルク特性が山形であることによります。一方クルマが必要とするトルクは低速で最も大きく速度が上がるにつれトルクは右肩下がりの形になります。加速とは慣性の法則で同じ状態でいようとするクルマに対して、駆動力を加えて速度を増すことです。クルマの要求トルクは低い回転域で大きなトルクを必要とし、高速になるにつれ要求トルクは低くなっていきます。その代わり、低い速度域では回転数は小さくてもよく、速度が上がるにつれ高い回転数が必要になります。この差を埋めるのがギヤ比です。

◩ギヤの多段化は理想の無段変速へ近づけること

ギヤ比はテコの原理と同じですから、大きなギヤ比では回転数が下がる代わりにトルクは大きくなります。たとえばギヤ比が4であれば回転数は1/4になり、トルクは4倍になります。ギヤ比の異なったギヤセットをいくつも持っているのがトランスミッションで、それを切り替えて速度に合わせたトルクを得ているわけです。

戦後国産乗用車が登場したころはギヤ段数は3段か4段でした。しかし、現在のATは10段変速まで実用化されています。究極はCVTになります。しかしベルト式CVTにも弱点があるので、CVTにすればよいというわけではありません。滑りのロスをなくすためには大きな力でベルトを挟まなくてはならず、そのためロスが大きくなります。大容量には向いていないこともあります。MTでも多段化はありますが、特にATでの多段化には目を見張るものがあります。これも厳しい燃費向上の要請に応えるため、効率のよい動力伝達を目指しているためです。

ところで、トルコンは流体（フルード）で力を伝えているので、滑りのロスが伴います。特にそのロスが大きいのは発進加速などの低速域ですが、通常の走行でも流体を介しての伝達ではある程度の滑りは起ります。滑りが起きるとフルードの温度を上げることになり、熱となってロスになるわけです。そのため流体での動力伝達時間を極力短くして、機械的に結合するロックアップを行います。ロックアップはトルコンのポンプインペラーとタービンランナーをフルードを介さずに直接つなぐことで、動力の損失を防いでいます。

CVTの作動図

CVTは2つのプーリーの幅を変えることによって変速比が変えられるため、変速比の設定はステップアップ式ATよりも自由度が高いが、滑りをなくすため強い力でベルトを挟み続ける必要があり、それがロスにつながる。

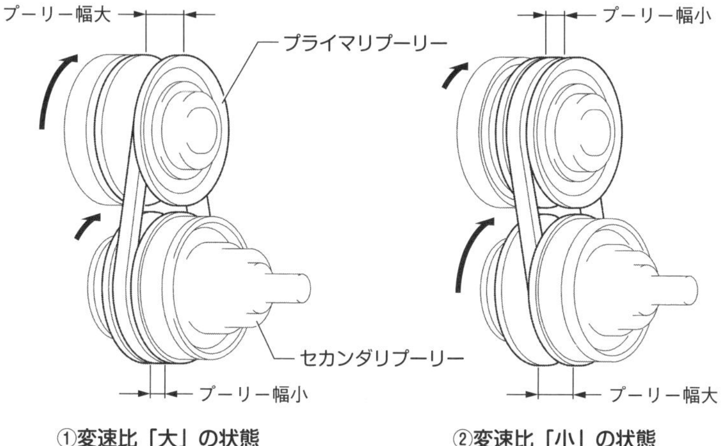

①変速比「大」の状態　②変速比「小」の状態

ロックアップ機構の概念図

トルクコンバーターは流体を用いて駆動力を伝えているためシフトショックが少なく滑らかな発進ができる反面、駆動力の伝達ロスは避けられない。そのため、発進やギヤの切り替え時以外では摩擦クラッチを使って機械的に動力を接続するロックアップを行う。

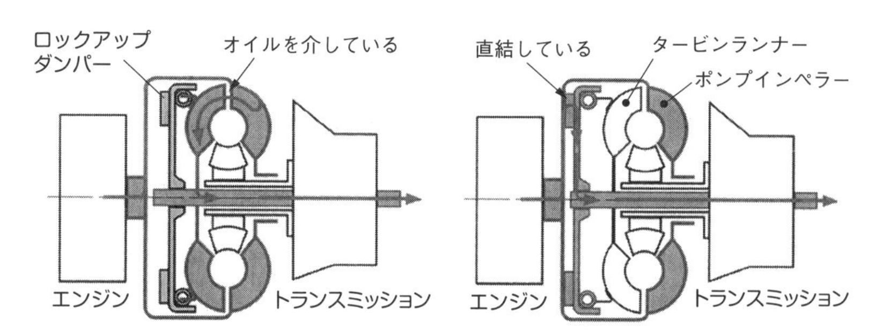

①ロックアップOFFの状態　②ロックアップONの状態

POINT
- ◎低速では回転が低くても大きなトルクが必要。高速ではその逆
- ◎変速によりクルマの要求トルクと回転数を与える
- ◎流体の滑りロスを小さくするため素早くロックアップを

COLUMN 4

トランスミッションのあれこれ

エンジンからの出力を駆動輪に伝えるトランスミッションにはいくつかの種類があることは本書で述べています。詳しくは本文を参照していただくとしてその違いを簡単に説明しましょう。まず大きく分けると、MT（マニュアルトランスミッション；手動変速機）とAT（オートマチックトランスミッション；自動変速機）があります。MTはドライバーがクラッチペダルを操作（踏み込んだり離したり）して駆動力を伝達・遮断します。変速はシフトレバーを操作してドライバーが任意に行います。ATではクラッチ操作は自動車任せで、Dレンジに入れておけば速度の増減などに応じて自動的にシフト操作を行います。

ATにはトルクコンバーターと遊星ギヤを組み合わせたステップATとギヤは用いずに変速比を連続して変化させるCVT（無段変速機）があります。MTにもクラッチをミッションに組み込んでクラッチ操作を自動化にしたDCT（デュアルクラッチトランスミッション）などがあります。

燃費の面から比べると、かつてはMTのほうが圧倒的に優れていましたが、今では逆にATのほうに軍配が上がっています。価格についても日本では少数派のMTのほうが割高になっており、経済面でもMTには分がありません。操作面でもATのほうが比較にならないほど楽です。初心者が苦手とする坂道発進では、MTの操作にはある程度のスキルが求められますが、ATの場合はほとんど意識することはありません。ただ最近は上り坂でも1～2秒間後退しない「ヒルスタートアシスト」を装備したMT車もあります。ストップアンドゴーの多い都市部では、煩わしいクラッチ操作から開放されるなど、その恩恵は計り知れません。さらに動力伝達の効率性からみても制御技術の向上でそん色がないばかりか勝るようになっています。スーパーカーを代表するフェラーリやランボルギーニは3ペダルのMT車をラインアップからはずしてしまいました。

そうはいっても、クルマと対話しながらシフトチェンジする楽しみは捨てがたいものです。

第5章

軽量化技術とハイブリッドシステム

Lightweight technology and
Hybrid system

車体部材の軽量化技術の基礎知識

燃費向上、CO_2削減が社会的要請になっている現在、軽量化はエンジンの効率化とともに重要な課題となっています。どのようにして軽量化を進めているのですか？

◩軽量化は燃費だけでなくすべての性能に寄与する

燃費の向上には動力系の効率向上もありますが、クルマ自体の軽量化は大きな要素です。一般的に100kgの軽量化で1km/L燃費が延び、15g/kmのCO_2が削減できるといわれています。また軽量化は、いわゆる走る、曲がる、止まる、の3要素すべてを向上させます。加速や減速は慣性の法則に逆らう仕事をするわけですから、クルマが軽くなればそれだけ楽になります。それは直線的なところだけでなく、回転に対しても当てはまります。たとえばタイヤ・ホイールは回り出すための慣性力に打ち勝って回り始め（慣性モーメント）、止まるときには慣性力に逆らって止まります。それとともに、タイヤ・ホイールは直線的に移動するためにも慣性力が働いています。つまり回転体は回転と直進の二重の慣性力に支配されているわけです。その意味でも特に径の大きい回転体の軽量化には大きな意味があります。

◩軽量素材の技術進化で使用拡大、新素材の開発も進む

軽量化技術で最も大きいのはやはり材料の代替です。それぞれの材料にはいろいろな性質があり、また価格が高価なものがありますから簡単ではありませんが、今までクルマが軽量化されたのは材料の進化および代替が進んだからといえます。クルマの軽量化に特に影響の大きい材料をあげますと、鉄、アルミニウム、マグネシウム、チタン、合成樹脂・CFRPなどです。鉄自体は熱処理や合金化で強度や性質が大きく変わり、その製造法も進化しています。アルミの比重は鉄の1/3と軽いので価格や接合の難題を克服して使用が増えています。マグネシウムは比重1.8でアルミの2/3の重さであり、構造用金属の中では最も軽い材料です。燃えやすい、耐食性が低い、加工性がアルミより劣る、高価などのデメリットがあるためその使用は限られていましたが、難燃性のマグネシウムの開発など問題点を克服して合金として使用が進んでいます。鋳造品がほとんどですが、鍛造も可能になっています。合成樹脂・CFRPについては後述しますが、植物由来でリサイクル性にも優れた「セルロースナノファイバー」はCFRPに替わるかもしれない注目の素材です。ウインドウガラスの樹脂化も軽量化に貢献すると期待されており、いよいよ始まっています。ヘッドライトカバーはすでにガラスではなくなっています。

アルミホイール

自動車用ホイールはかつての鉄製プレス品からアルミ合金製の鋳造ホイールや鍛造品に変わり、軽量化と操縦安定性の向上に寄与している。タイヤ・ホイールは回転に対して働く慣性力と、位置が移動することによる慣性力の二重の慣性力が働くだけに軽量化の効果は大きい。

マツダ・ロードスターの操舵部周辺の例

ロードスターはプラットフォーム（車体の主要骨格）の主要構成部のフロントクロスメンバーに高張力鋼板（ハイテン鋼）を採用して強度や剛性を確保しつつ軽量化を進めている。また、アッパーアームやロアアーム、フロントナックル、アンダーカーバーをアルミ化して軽量化を図っている。

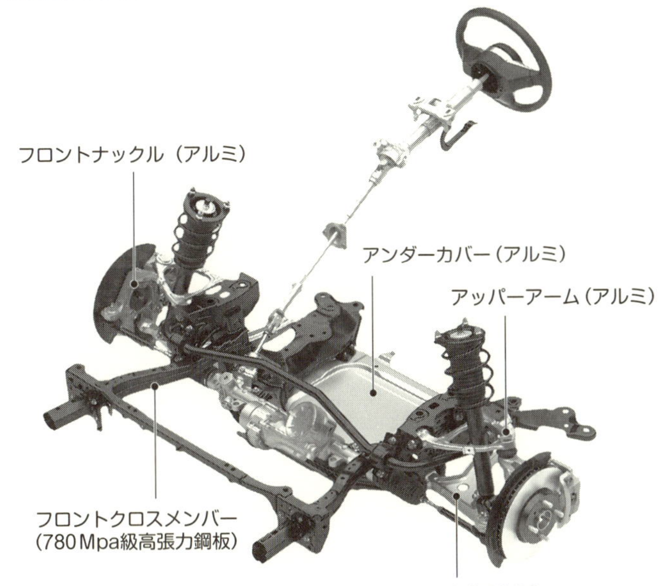

POINT

◎軽量化は燃費だけでなく運動性能の向上にも意義
◎難度の高かった軽量材料も技術開発により使用拡大
◎環境に優しい高強度の新素材の開発進み、今後に期待

軽量化技術(1)　鉄・アルミニウム

自動車に用いられている金属の代表として、鉄とアルミニウムがあげられます。この鉄やアルミではどこに使われ、軽量化の役割を担っているのですか？

◤重量比では自動車の7割は鉄材

鉄は自動車の主要な材料ですが、アルミや合成樹脂などの材料の拡大で徐々にその比率を下げているのは事実です。7割を切るほどのレベルかと思われますが、今後大きく減少するとは考えられていません。それは技術開発でまだまだ克服できることがあるからです。鉄鋼材料の軽量化では、その構造で強度を出す方法は以前から行われてきました。H形鋼、角形鋼管、鋼管（パイプ）、L型アングルなど形状で強度を増す方法はいろいろあり、サスペンションアームやサブフレームなどに使われています。今注目されているのは鋼板の硬さが可能にする薄肉軽量化です。

自動車に使われる鉄鋼の4割はドアやフードなどの外板で、剛性が要求されます。高張力鋼（ハイテン）による薄肉化・軽量化は他の軽量素材に比べてコスト面で優位なこともあって急速に伸び、日本ではハイテン比率が6割近くまで高まっています。しかもハイテンの最高強度はさらに高まる方向にあり、980MPa以上の超高張力鋼（ウルトラハイテン）がセンター／フロントピラー、サイドルーフ、フロントルーフレール、サイドシルなどに用いられるようになっています。

◤軽量のアルミニウムは鉄の代替材として有望

一方、アルミの比重は2.7と鉄の1/3の重さですから、軽量化の効果が大きく期待されます。鉄板の1.4倍の厚さにしても50％の軽量化ができます。現在クルマに使われているアルミニウムは車両重量比でまだ1割程度ですが、今後も大きく伸びると見られています。特に2010年以降は燃費向上の要請からボディ関係への使用も増えています。

従来からアルミはシリンダーブロックやシリンダーヘッド、ピストンなどエンジンパーツに多く使われていました。そのほかトランスミッションケース、ブレーキキャリパー、マスターシリンダーなどにも使われています。さらにサスペンションアーム、バンパービーム、サイドフレームが造られており、今後は外板パネルなどの板材としての使用がさらに進むことでしょう。ハイテンに次ぐ現実的な軽量化素材となっているアルミは、表面にできる酸化皮膜のため、耐食性に優れているほか、鋳造性がよい、熱伝導性が高い、などの特性があります。

鉄鋼材の形状

鉄鋼材は形状を変えることで強度を高めている。その形状は各種あるが、代表的なのは角形、パイプ、L形、H形である。

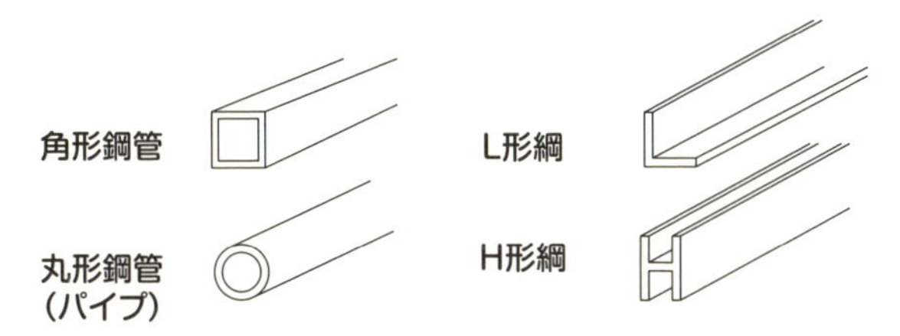

高張力鋼板の採用箇所

濃いアミの部分が
高張力鋼板(ハイテン綱)

最近では軽自動車にも高張力鋼板が広く使われるようになっており、使用されている鉄鋼材の半分近くを占めるようになっている。

モノコック全体をアルミ製としたジャガーXEの例

POINT
◎中空化などの構造による軽量化は以前から
◎高張力鋼による薄肉化で進むクルマの軽量化
◎アルミは鉄の3倍の価格だが重さは1/3で有望な軽量材

軽量化技術（2）　プラスチック・CFRP

バンパーから始まった樹脂化は現在では多方面に広がっています。CFRPは高価であることから採用は一気には進んでいませんが、樹脂化の動きはどのように進んでいますか？

◩エンジン周りにも樹脂が増加

プラスチック（合成樹脂）は炭素Cを中心に持つ高分子の一種です。人工的に合成された有機高分子で、多くの種類があります。樹脂の特徴は軽量で加工性もよく耐食性にも優れていることです。最初に樹脂がクルマに使われたのはバンパーで、ポリプロピレンだったといわれますが、その後ダッシュボード、ホイールキャップなどに使われるようになりました。エンジン周りでもインテークマニホールドやシリンダーヘッドカバーはほとんど樹脂化されています。また、車両の駆動ギヤとしてはまだ無理ですが、補機類の駆動には樹脂製ギヤも使われています。そのほか細かなところで枚挙にいとまがないほど樹脂は多用されており、樹脂化比率は10%程度になっているといわれています。

◩高価だが軽くて強いCFRPで大幅軽量化が進展

軽くて強いことから現在最も注目されている樹脂はCFRP（炭素繊維強化プラスチック）です。FRPはガラス繊維による強化プラスチックですが、CFRPはガラス繊維の代わりに炭素繊維を使った強化プラスチックで、次のような特徴があります。①軽い（比重1.8で鉄の1/4)、②強い（比強度は鉄の10倍)、③剛性が高い（比弾性率は鉄の7倍)、④疲労強度の保持率が鉄の2倍、⑤錆びない、⑥熱膨張係数が小さい、など。その反面、短所としては①高価、②生産に手間と時間が掛かる、③リサイクルしにくい、などがあげられます。製造には高温で加熱するため多くのエネルギーを使い、これも高価になる理由になっています。それでも軽量化の有力な手段としてボディの部材などへの使用が進んでいます。

最近はCFRPの上をいく「CFRTP（炭素繊維強化熱可塑性樹脂)」が注目されています。CFRPはエポキシなどの熱硬化性樹脂を使っていますが、CFRTPはポリプロピレンのような熱可塑性樹脂を使います。CFRPは型にはめた状態で焼き固めますが、CFRTPは熱を加えてプレスするので成形加工時間が短縮できます。ただし大がかりな設備が必要で少量生産には向きません。また「セルロースナノファイバー」という植物由来の材料も、これからの材料として期待されています。リサイクルが効くので環境に優しい材料です。

プラスチックギヤ

バンパーや内装材の素材として用いられ始めたプラスチックは、エンジン周りでも使われるようになっている。写真は補機類の駆動に用いられる樹脂製ギヤ。

BMW i3の透視図

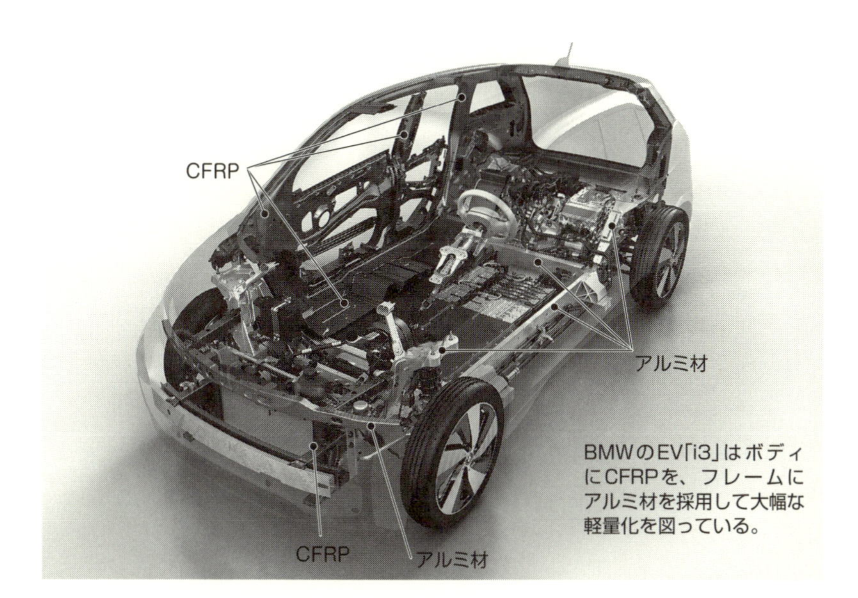

BMWのEV「i3」はボディにCFRPを、フレームにアルミ材を採用して大幅な軽量化を図っている。

POINT
- ◎あらゆる箇所で進む樹脂化
- ◎高価だが軽くて強いCFRPは軽量化材のエース
- ◎優れた性質を持つ新しい軽量材料の開発も

ハイブリッド車の燃費がよいのはなぜ？

モーターやバッテリー、それらの制御システムなど、重量がかさむ部品を載せてさらに重量が増しているにも関わらず、なぜハイブリッド車は燃費がいいのですか？

◩低速域はモーターにお任せ

ハイブリッド車は2つの動力源を持ったクルマなので、重量も重く容積もよけいにとります。しかし、それでもハイブリッド車の燃費がよいのは、内燃エンジンが不得意とするエンジンの低速回転域をモーターがカバーしているからです。エンジンのトルク曲線は回転数に対して山形です。アイドリング回転数は700rpm程度で、実用的には1000rpm以上に上げないと使えません。そのため、回転を上げつつクラッチを滑らせての発進になります。MTでは摩擦板、トルコンを用いるATでは流体を使うにしろ、滑りを伴いないながらの発進になります。ところが、モーターのトルク曲線は基本的に右肩下がりです。ゼロ回転から最高トルクを発揮するのがモーターの特徴なのです。したがってモーターではスムーズかつ効率的に発進・加速ができます。モーターの出力がごく小さいとそうはいかないかもしれませんが、最低アイドリングストップはありますので、その分の燃費向上はあるはずです。

さらに、エンジンの苦手な低速部分もモーターが担ってくれるので、エンジンは最初から効率の高い回転数と負荷域いわゆる「スイートスポット」を使うことができます。負荷が大きすぎるときにはモーターがアシストすることによりちょうどよい負荷に近づけられます。負荷が小さ過ぎるときにはモーターを発電機として働かせて負荷を増やすこともできます。そもそもエンジンをハイブリッド用と割り切れば、設計段階から低回転域を考慮することなく各部を効率の高まる構造にすることが可能になるのです。

◩モーターと協調して効率のよい運転域でエンジンを使える

さらに、ハイブリッド車は減速時に回生する機能を持っています。燃料を使って高めた慣性エネルギーを無駄に捨てるのではなく、電気に変えてバッテリーに蓄えるわけです。ベルト式のオルタネーター兼モーターのような小さな場合はエネルギーすべてを回生できませんが、余裕があるシステムなら減速して停止寸前までのエネルギーを回生します。基本的にはモーターもバッテリーも出力と入力はほぼ同等ですので、バッテリー電源で20kWの出力を発揮するモーターは、回生では20kWの発電をし、バッテリーに充電することができると考えてよいでしょう。

エンジンとモーターのトルク曲線図

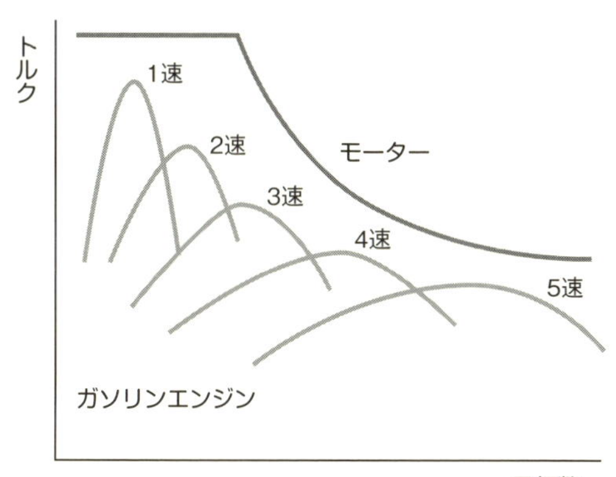

内燃機関はある程度の回転数に達しないと必要とされるトルクを発生しない。これはガソリンエンジンでもディーゼルエンジンでも同じ。一方、モーターは始動直後が最大トルク域で、ある回転数に達するとトルクは低下していく。このため、エンジンが苦手とする低回転領域をモーターがカバーすることで燃費は向上する。

ハイブリッドシステムのスイートスポット

エンジンが効率のよい回転数と負荷領域を最初から使えるようにモーターがアシストするため、ハイブリッドは燃費のよいクルマに仕上がっている。

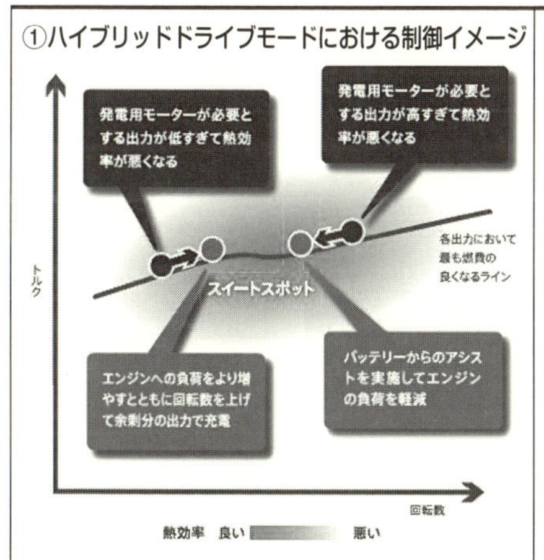

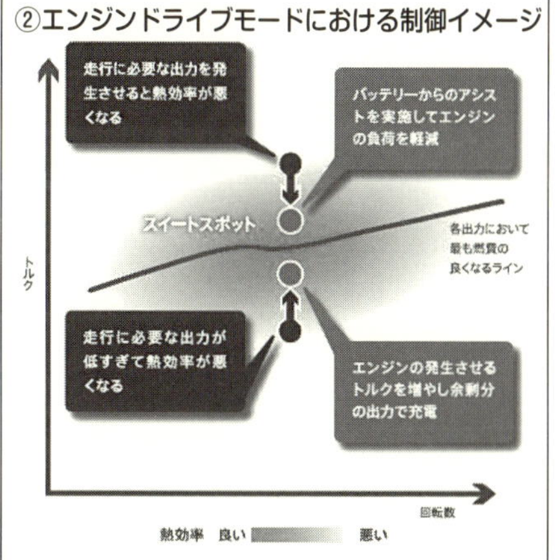

◎ハイブリッドなら効率のよい領域「スイートスポット」で運転できる
◎ハイブリッド用に割り切れば最初から高効率のエンジンが設計できる
◎減速時に熱として捨てていたエネルギーを回生できる

ハイブリッドシステムの新たな動き

ハイブリッドシステムを使えば、FF車が4輪駆動車になるということですが、どのようにしたらできるのですか？　メリットとしてどのようなことが考えられますか？

◪FF車のリヤをモーター駆動、容易に4WDに

FF車の後部にモーターを配置し後輪を駆動してハイブリッドとする方式はなかなか賢い方法です。すでにあるFF車のフロント部分をほとんど変更することなく、リヤだけの改造でシステムが構築できます。これは同時に4輪駆動とすることにも通じるもので、一挙両得の面もあります。フロント部とは別途にモーターで後輪を駆動する発想は以前からありました。2001年発売のエスティマハイブリッドが搭載した「THS-C」はフロント部にCVTを使ったハイブリッドシステムを装備し、別途後輪をバッテリー電源よるモーターで回すものでした。前後にモーターを持ったシステムでトヨタでは「E-FOUR」と名付けました。最近ではプリウスの4WDが採用しています。プリウスもフロントはハイブリッドシステムによる駆動ですが、マーチは全く普通のFFながら、後輪を小さなモーターで回す4WDシステム「e-4WD」を2002年に搭載しました。後輪用モーターはエンジンが発電する電源を使う方式で、雪道走行を想定したものでした。このように本来のフロントの駆動輪とは別にリヤをモーター駆動する方法は古くからあったものの、意外と広がりませんでした。しかし、欧州メーカーがプラグインを含めてハイブリッドに注力するようになり、にわかに増え始めてきています。

◪ベルト駆動の簡易方式ながら48Vで本格ハイブリッド

もう1つ欧州がリードする形で進んでいるのが48Vのマイルドハイブリッドです。ベルト駆動のモーター・ジェネレーターを装備したもので、日本ではすでに日産のSハイブリッドやスズキのSエネチャージなど12Vで実用化している方式です。現在乗用車のバッテリー電圧は12Vですが、将来は48Vにしようという流れがあります。それはマイルドハイブリッドなど大きな電力を使うデバイスが考えられほか、自動運転の進展などでも電動デバイスが今後もますます増えると予想されるからです。同じ電力を送るとき、電圧を上げて電流を下げたほうがロスは少なくなります。その意味から今後を見据えると48V化は必然の方向といえます。もちろん現在12V仕様が多いので急に切り替わるわけでなく、当面は48Vが併用される形になります。48Vなら10～20kWクラスのハイブリッドが容易に可能になります。

日産の4WDシステム「e-4WD」

前輪駆動車(FF)の後輪にモーターを装備することで4輪駆動車にするシステム。

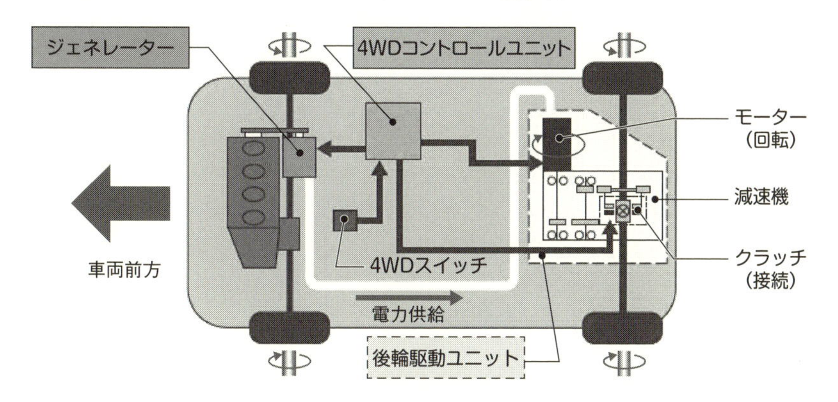

アウディの48Vマイルドハイブリッドのシステム

電力(W)は電圧(V)と電流(A)の積なので、電圧を上げると電流は少なくてすむようになり、エネルギーの効率化が図れるようになる。現在は12V仕様が主流を占めているが、これを一気に4倍にすると10〜20kWクラスのハイブリッドが可能になる。

POINT
- ◎FF車のフロントはそのままに後輪にモーターを配置
- ◎ハイブリッド化でFF車が一気に4WD車に
- ◎ベルト駆動でも48Vなら20kWクラスのハイブリッドカーに

賢いハイブリッドシステムTHSの基本原理

ハイブリッド車の先駆けとなったトヨタの「THS」はプラネタリーギヤを使った独特の機構を持っているとのことですが、どのような機構なのですか？

◩プラネタリーギヤセットが動力を自在に使い分ける

1997年にトヨタがプリウスに搭載した乗用車初のハイブリッドシステム「THS＝Toyota Hybrid System」は、プラネタリーギヤを使った独特なシステムです。その後いろいろ改良を重ねて現在は「THS−Ⅱ」となっていますが、その基本構造は変わっていません。FFの小型車からFRの大型車、SUVにまでに対応しているのも特長です。このTHSを完全に理解するには多少エネルギーが要りますが、できるだけ簡単に基本原理を説明します。中心にこのハイブリッドシステムの要になるプラネタリーギヤセットがあります。これを「動力分割装置」と呼んでいますが、これには3つの要素があります。中心のサンギヤは発電機に、外側のリングギヤはモーターにつながっており、その先に車輪があります。中間に4つあるプラネタリーギヤは自転しながら公転もします。4つはそれぞれキャリアに固定されており、公転のほうが取り出されてエンジンとつながっています。

◩トランスミッションはないが変速はしている!

エンジンが駆動輪を回すにはキャリアの回転をリングギヤに伝えますが、そのとき中心のサンギヤが踏ん張ってくれないとリングギヤにトルクが伝わりません。普通のデフを装備したクルマが片輪を溝に落とすと空回りしてもう片方の車輪に駆動力が伝わらないのと同じです。しかし、このときサンギヤにつながる発電機には発電により負荷が掛かるので、動力が伝わるようになります。このように発電機が重要な仲立ちをしています。ここで、エンジンを効率のよい回転で一定にしてモーターの回転を上げることで車速を上げていく場合を考えてみます。車両の速度が低い（モーターの回転数が低い）ときには発電機の回転数は必然的に高くなります。エンジンの動力の多くは発電に使われます。しかしエンジンの動力は電気に姿を変えてモーターの駆動に使われています。速度が次第に上がっていくと、発電機の回転は次第に下がっていきます。エンジンの動力は直接モーター（車輪）を回すほうに多く回るようになります。車両の速度は上がっていきますが、上がり方に段は全くありません。つまり無段変速をしているのです。これを電気式CVTともいい「トランスミッションはないが変速はしている」実態です。

プラネタリーギヤを用いた動力分割機構

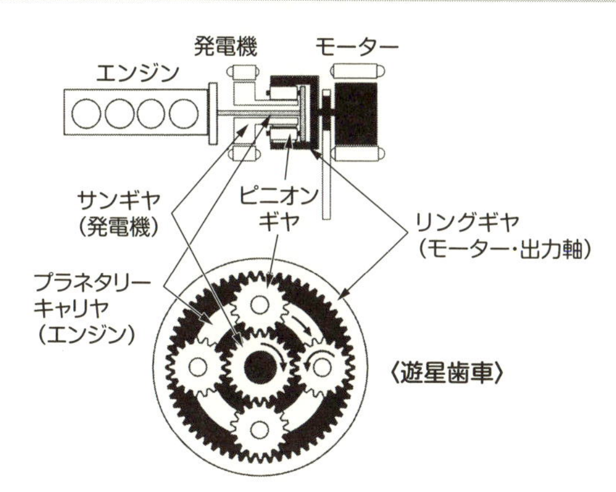

プラネタリーギヤにはサンギヤ、プラネタリーキャリア、リングギヤの3要素があり、それぞれ発電機、エンジン、モーター(車輪)とつながっている。1要素の回転は他の要素の回転に影響する関係にある。

共線図

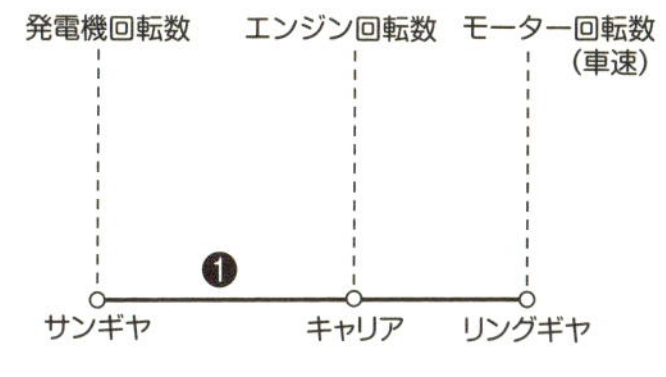

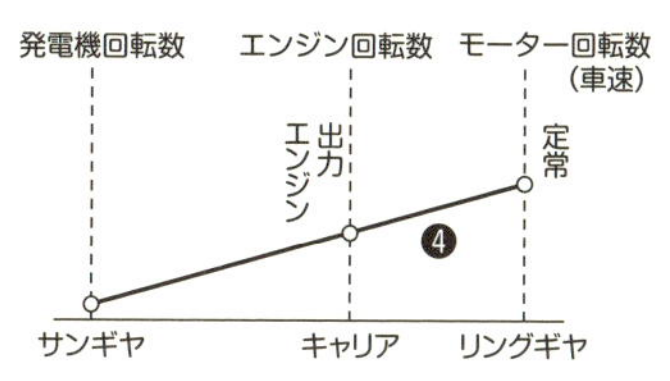

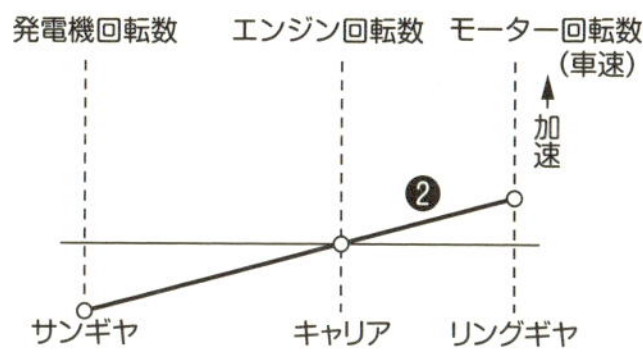

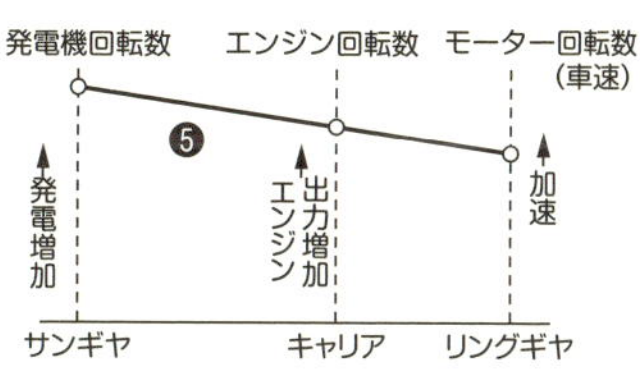

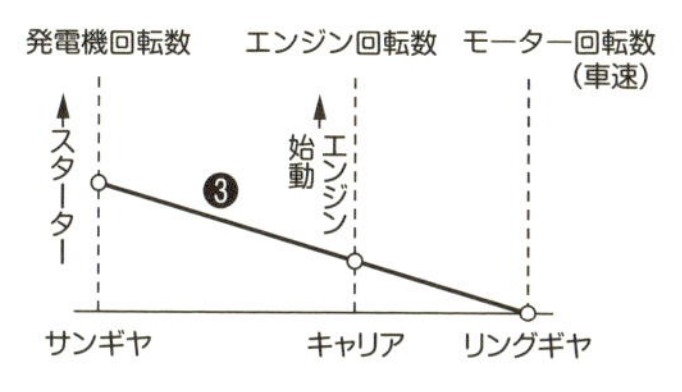

THS はエンジン(キャリア)、モーター(リングギヤ)、発電機(サンギヤ)の3要素で構成されており、運転状態は共線図で表わせる。縦軸は回転数で、それぞれの回転数は必ず直線で結ばれる。モーターとエンジンの回転数が決まれば、発電機の回転数は自ずと決まる。発電機が陰で走りの形態を担っている。①すべて回転0の停止状態。②モーターだけで発進、エンジン停止、発電機は逆回転。③発電機がこのときだけモーターとして回りエンジンを始動、モーターは停止。④エンジンとモーターの両方で定常走行。⑤エンジンは回転を高めて加速(裏で発電した電流をモーターに注入)。

POINT
- ◎動力分割装置の実態はプラネタリーギヤセット
- ◎エンジン、モーター発電機が三位一体で機能を発揮
- ◎トランスミッションはなくても変速はする

プラグインハイブリッドの可能性

外部電源から給電できるプラグインハイブリッド車は、EVのような航続距離の心配がなく、HVよりもEV車だとして注目されています。将来性はいかがですか？

◪化石燃料の大幅な削減を実現するPHV

プラグインハイブリッド車（PHV）とは、ハイブリッド車（HV）のバッテリーに外部から給電できるものをいいます。ただそれだけと思われるかもしれませんが、これには大きな意味があります。一日に移動する距離は日本では平均的には25km程度と意外と短い現実があります。そうするとバッテリー電源だけで走れるいわゆるEV走行距離が60km程度のPHVなら、月平均ではほとんどを外部給電の電気で走れることになります。これはガソリン燃料を削減したことにほかなりません。たまに長距離を走る場合はガソリンの削減率は下がりますが、平均的には大きな削減になります。個人としては燃料代が安くあがるということですが、クルマ社会全体で考えれば貴重なガソリンの大幅な削減という社会的な意義があります。

◪HVは内燃エンジンの仲間だが、PHVはEVの仲間

ハイブリッド車は日本が先行しましたが、ゴーストップが少ない欧米ではあまり普及しませんでした。しかし、ますます厳しくなる燃費規制に対して車両の電動化の方向性は確実に進展し、ハイブリッドにも目を向ける必要が出てきました。また一方で、米国カリフォルニア州のZEV規制への対応も考えるとEVかPHVかあるいはFCVが必要になってきています。ここではHVは対象外です。なぜならPHVはEVの仲間として認められますが、HVは内燃エンジン車の仲間に分類されるからです。外部給電できるかできないかで、大きな違いがあります。ですからPHVは大いに可能性を持っているわけです。PHVであれば現行車をベースに作りやすく、いずれEVに移行するにしてもその「つなぎ」になれます。ただ、ディーゼルエンジン車の燃費不正の問題もあって欧州では一気にEVに舵を切った感がありますが、事はそう簡単ではありません。バッテリーの能力から航続距離がまだ十分でなく、コストの面からも普及には時間が掛かると思われます。さらにEVが一気に普及したとしても、火力発電所の電気で走るのでは意味は薄れます。ましてや原発の電気では害悪になります。EVの普及には自然エネルギーの進展普及が伴わなくては意味がありません。小型エンジンを持つレンジエクステンダー付きEVも分類としてはPHVですが、それを含めて可能性は大きいといえます。

PHVの意義

PHVは製造過程や廃棄段階ではガソリン車より多めのCO_2を排出するが、走行時は大幅に少ない。資源の使い方も同様であり、さらにEV走行の割合が増えればCO_2の削減、燃料の削減に大きく貢献できる（トヨタの資料より）。

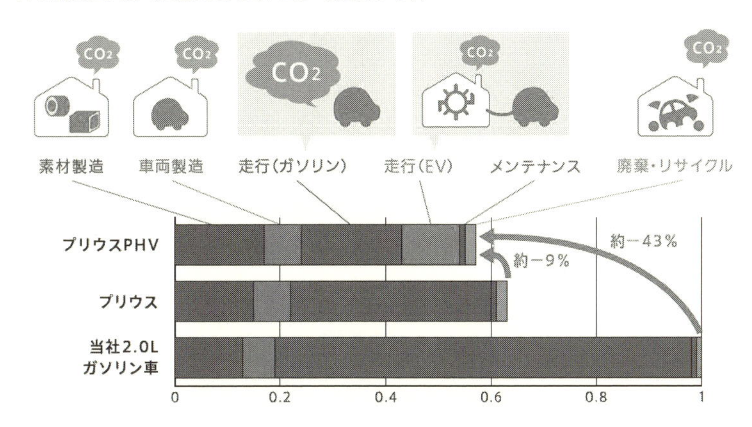

レンジエクステンダーシステムの透視図（BMW i3）

発電用の小型エンジンを装備することでEVの弱点である航続距離の短さを補っている。

POINT

◎一日の平均走行距離からしてPHVは大幅な燃料削減が可能
◎HVは内燃エンジンの仲間、PHVはEVの仲間に分類される
◎将来のEV化までのつなぎとしてPHVは有効にして有望

COLUMN 5

軽量化と車体構造

軽量化は燃費改善や環境対策ばかりでなく操縦安定性の向上などにも大きく影響を及ぼしますので、自動車メーカーは軽量化に心血を注いで取り組んでいます。軽量化の対象は、車体をはじめエンジンやミッションなどを含んだパワープラント、足回りなど自動車全体に及んでいますが、なかでも車体はその効果が大きいだけに最重要課題の1つとされています。

そもそも自動車が開発された19世紀初頭は、はしご状のラダーフレームにエンジンルームやキャビンを換装したスタイルが一般的でした。当時のラダーフレームは、馬車からの延長で木製でしたが、すぐに鉄製にとって変わられました（英モーガン社は現在でもフレームに木材を使っている車種を製造していますが……）。このラダーフレームは今でもその頑丈さなどが買われて一部の車両（主にSUV）に使われていますが、軽量化などが図れるモノコックボディが大勢を占めるようになっています。

ボディには鉄が主に用いられています。この鉄も強度が要求される箇所には高張力鋼（ハイテン）板や超高張力鋼（ウルトラハイテン）板が使われています。国により基準は異なるようですが、わが国では引張り強度が340～790MPaのものをハイテン、980～1470MPaのものを超ハイテンと呼んでいます。超ハイテンは通常の鉄の3倍以上の強度を持っているので、それだけ薄くすることができ、軽量化が期待できます。本書でも紹介しましたが、（超）高張力鋼はプラットフォームの主要構造材として使われ始め、今では軽自動車にも採用されるほど普及しています。

鉄の代替素材としては、そのほかにもアルミニウムやCFRP（炭素繊維強化プラスチック）があります。コストが割高なことや加工の難しさなどがネックとなって広く普及するまでには至っていませんが、高級車やスポーツカーの中にはオールアルミボディやルーフやフレームの一部にCFRPを使った車種も登場しており、さらなる普及が期待されています。

索　引（五十音順）

数字・欧字

2ステージツインターボ……110
48Vのマイルドハイブリッド……162
4バルブ化……64
A/R比……108
AT……148
BEV……32
CAFE規制……14
CFRP……154,158
CFRTP……158
CNG車……28
CO……114
CO_2……18
CVCC……12
CVT……148
DCT……148
DPF……18,26,118
ECOモーター……130
EGR……94
EGRガス……94
EGRクーラー……94
EV走行……32
FCEV……34
FCV……34
GPF……88
HC……18
HCCI……100
HCCI燃焼……100
ISG……130,144
JC08モード……16
LPG車……28
MT……148
NOx……18,26,114,116
NOx吸蔵触媒……118
NOxトラップ触媒……118
PEV……32
PHV……166
PM……18,26,116
PV線図……80
S/V比……42,96
SCV……66
SPCCI……104
Sエネチャージ……130
TSスターター……132
VCRピストンクランクシステム……84
VGT……108
WLTPモード……16
ZEV……14
ZEV規制……14

あ　行

アイドリングストップ……126
圧縮圧……82
圧縮着火……26
圧縮比……56,82
アトキンソンサイクル……80
アドブルー……118
アフター噴射……122
アルコール燃料……28
アルミニウム……154
一酸化炭素……18,114
インジェクター……86
インタークーラー……106
ウェル・ツー・ホイール……60
ウォーターポンプの電動化……146
ウルトラハイテン……156
エアピストン……104
エタノール燃料……28
エネルギー密度……58
エンジン性能曲線……50
オートテンショナー……144

オートマチック・スタート／ストップ……126
オーバースクエア……96
オットーサイクル……80
オルターネーター……130

か　行

回生……160
外部EGR……94
過給……106
過給機……106
過給システム……82
下死点……70
過早着火……42,54
可変圧縮比……84
可変圧縮比システム……84
可変ノズル……109
可変バルブタイミング機構……72
可変容量ターボ……108
カムプロフィール……70
慣性過給……82
間接噴射……86
企業平均燃費……14
気筒休止……98
希薄燃焼……38,90
希薄燃焼を狙った直噴エンジン……92
吸気効率……70
吸気の流入速度……96
吸気マニホールド……86
均質燃焼……90
空燃比……38
合成樹脂……154
高張力鋼……156
交流発電機……130
コモンレールシステム……120

さ　行

最大吸気効率……70
酸化触媒……118
三元触媒……18,114
シーケンシャルターボ……110
自己着火……102
仕事率……48
摺動運動……46
出力……48
出力密度……58
上死点……70
ショートストローク……96
シリーズ・パラレルハイブリッド……30
シリーズハイブリッド……30
シングルインジェクター……92
スイートスポット……52
水素燃料……58
水素フリーDLC……142
スーパーチャージャー……106
スーパーチャージング……106
スクエア……96
ストイキ直噴……90
ストイキ燃焼……90
スロットルバルブ……44,78
スワール……38,66
スワールコントロールバルブ……66
成層燃焼……90
セレクティブ・キャタリティック・リダクション……118
ゼロエミッションビークル……14
選択式還元触媒……118

た　行

ターボチャージャー……106
タイミングチェーンテンショナー……144
ダウンサイジングエンジン……88
ダウンサイジングターボ……24
多段噴射……122
縦渦……38
多点着火……100
炭化水素……18,114
タンク・ツー・ホイール……60
炭素繊維強化熱可塑性樹脂……158
炭素繊維強化プラスチック……158

タンブル……38,66
チタン……154
窒素酸化物……18,114
超高張力鋼……156
直噴……86
直噴インジェクター……92
直噴エンジン……56
ツインスクロール……110
ツインターボ……110
ディーゼル・パティキュレート・フィルター……118
ディーゼルサイクル……80
ディーゼルノック……54,122
ディーゼル微粒子捕集フィルター……18
鉄……154
デトネーション……54
デュアルインジェクター……92
デュアルインジェクター直噴……92
電気式CVT……162
電子制御コモンレール……120
電動コンプレッサー……112
電動スーパーチャージャー……106,112
電動ターボ……112
電費……60
筒内直接噴射……86
筒内直接噴射エンジン……56
トルク……48

な行

内部EGR……94
二酸化炭素……18
尿素SCR……26,118
熱効率……20,38
熱サイクル……80
燃焼温度……100
燃焼室……86
燃料電池車……34
燃料の直入率……92
ノッキング……42,54

は行

パーシャルスロットル……64
バイオマス燃料……20
排気ガス再循環装置……94
排気ガス浄化装置……114
排気効率……64
排気損失……40
ハイテン……156
ハイブリッドシステム……30
ハイブリッド車……30,160
パイロット噴射……122
バッテリーEV……32
パラレルハイブリッド……30
バリアブル・ジオメトリー・ターボ……108
馬力……48
バルブ開口面積……64
バルブステムの中空化……142
バルブタイミング……70
バルブリフト……76
ヒートスポット……54
ピエゾ式インジェクター……122
ピストン……140
ピストンスピード……68,96
火花着火……102
火花点火制御圧縮着火……104
ピュアEV……32
プラグインハイブリッド車……164
フラッタリング……140
プラネタリーギヤセット……162
フリクションロス……46
プレイグニッション……54
プレ噴射……122
膨張火炎球……104
ポート噴射……86
ポート噴射用インジェクター……92
補機の電動化……146
ポスト噴射……122
ポンピング損失(ロス)……44,78
ポンピングロスの低減……94

ま　行

マイルドハイブリッド……130
摩擦損失……46
マスキー法……10
ミラーサイクル……82
ミラーサイクルエンジン……56
ミラー方式によるアトキンソンサイクル……82
無段変速機……148
メイン噴射……122
モーター機能付き発電機……130

や　行

油圧ベーン式……72
油膜切れ……68
横渦……38
予混合……92
予混合圧縮着火燃焼……100
予混合圧縮燃焼……100

ら　行

リーンバーン……38,90
リショルム型……112
リチウムイオン電池……32
粒子状物質……18,116
冷却損失……42
冷却損失の低減……96
レバーガイド……144
レンジエクスエンダー付きEV……166
連続可変バルブリフト……76
ローラーロッカーアーム……142
ロックアップ……150
ロングストローク……96

参考文献

【ホームページ】
◎スズキ株式会社ホームページ
◎株式会社 SUBARU（スバル）ホームページ
◎ダイハツ工業株式会社ホームページ
◎トヨタ自動車株式会社ホームページ
◎日産自動車株式会社ホームページ
◎本田技研工業株式会社ホームページ
◎マツダ株式会社ホームページ
◎三菱自動車工業株式会社ホームページ
◎一般社団法人日本自動車工業会ホームページ
◎アウディジャパン株式会社ホームページ
◎ジャガー・ランドローバー・ジャパン株式会社ホームページ
◎ビー・エム・ダブリュー株式会社ホームページ
◎プジョー・シトロエン・ジャポン株式会社ホームページ
◎フォルクス ワーゲン グループ ジャパン株式会社ホームページ
◎メルセデス・ベンツ日本ホームページ
◎株式会社デンソーホームページ
◎マーレジャパン株式会社ホームページ
◎資源エネルギー庁ホームページ

【書籍】
◎燃料電池車・電気自動車の可能性　飯塚昭三著　グランプリ出版　2006 年
◎ガソリンエンジンの高効率化―低燃費・クリーン技術の考察　飯塚昭三著　グランプリ出版　2012 年
◎ハイブリッド車の技術とそのしくみ―省資源と走行性能の両立　飯塚昭三著　グランプリ出版　2014 年
◎自動車用語辞典　飯塚昭三編　グランプリ出版　2016 年
◎きちんと知りたい！　自動車メカニズムの基礎知識　橋田卓也著　日刊工業新聞社　2013 年
◎きちんと知りたい！　自動車エンジンの基礎知識　飯嶋洋治著　日刊工業新聞社　2015 年

◎きちんと知りたい！　自動車メンテとチューニングの実用知識　飯嶋洋治著　日刊工業新聞社　2016年
◎きちんと知りたい！　軽自動車メカニズムの基礎知識　橋田卓也著　日刊工業新聞社　2017年
◎自動車エンジン技術がわかる本　畑村耕一著　ナツメ社　2009年
◎トヨタ MIRAIのすべて／モーターファン別冊ニューモデル速報第502弾　三栄書房　2015年
◎自動車のメカはどうなっているか・エンジン系　GP企画センター編　グランプリ出版　1993年
◎クルマのメカ＆仕組み図鑑　細川武志著　グランプリ出版　2003年
◎パワーユニットの現在・未来　熊野学著　グランプリ出版　2006年
◎エンジン性能の未来的考察　瀬名智和著　グランプリ出版　2007年
◎ディーゼルエンジンと自動車　鈴木孝著　三樹書房　2008年

著者紹介

飯塚　昭三（いいづか　しょうぞう）

1942年東京生まれ。1965年東京電機大学機械工学科卒。同年、自動車・機械関連などの老舗出版社、山海堂に入社し、自動車工学・整備関係の書籍編集に従事した。1969年にモータースポーツ専門誌『オートテクニック』の立ち上げに参画、取材を通じてモータースポーツに関わる一方、自身もレースに多数参戦して、編集者ドライバーの先駆けとなる。編集長を務めた後、87年にジムカーナを主テーマとした『スピードマインド』を創刊し、企画・編集に携わった。2000年にフリーランスに転じ、テクニカルライター・編集者として自動車の技術的な解説記事を執筆している。現在、日本自動車研究者 ジャーナリスト会議（RJC）会長。また、一般社団法人 日本陸用内燃機関協会の機関誌『LEMA（陸用内燃機関）』の編集長を務めている。

◎主な著書：『燃料電池車・電気自動車の可能性』『サーキット走行入門』『ガソリンエンジンの高効率化―低燃費・クリーン技術の考察』『ハイブリッド車の技術とそのしくみ―省資源と走行性能の両立』『ジムカーナ入門 新訂版』『自動車用語辞典』（以上グランプリ出版）ほか。

きちんと知りたい！
自動車低燃費メカニズムの基礎知識　NDC 537

2018年2月26日　初版1刷発行　（定価は、カバーに表示してあります）

©著　者　飯塚昭三
発行者　井水治博
発行所　日刊工業新聞社
東京都中央区日本橋小網町14-1
（郵便番号　103-8548）
電　話　書籍編集部　03-5644-7490
販売・管理部　03-5644-7410
FAX　03-5644-7400
振替口座　00190-2-186076
URL　http://pub.nikkan.co.jp/
e-mail　info@media.nikkan.co.jp

印刷・製本　美研プリンティング

落丁・乱丁本はお取り替えいたします。　2018 Printed in Japan
ISBN978-4-526-07797-5　C 3053